新工科建设之路·计算机类专业精品教材

U0180232

大学计算机基础
——计算思维视角

刘　辉　张志强　张　旋　主编

电子工业出版社

Publishing House of Electronics Industry

北京·BEIJING

内 容 简 介

本书以教育部高等学校教学指导委员会对"大学计算机基础"课程的教学基本要求为前提，以计算思维为导向并将其贯穿全书始终。本书共 7 章，分别是计算文化——计算机与计算思维，计算基础——数据的表示、存储与管理，计算平台——计算机硬件系统，计算平台——计算机软件系统，计算平台——计算机网络，计算方法——算法与程序设计，课程实践——数据处理应用，实际应用以 Windows 10 和 Office 2010 为练习平台，并且在每章都列举了计算机发展过程中遇到的问题和利用计算思维解决问题的办法。

本书内容充实新颖、知识点丰富、层次清晰、通俗易懂，可作为高校各专业的信息技术教材，也可作为自学用书。

图书在版编目（CIP）数据

大学计算机基础：计算思维视角 / 刘辉，张志强，张旋主编. —北京：电子工业出版社，2023.7

ISBN 978-7-121-45844-6

Ⅰ. ①大… Ⅱ. ①刘… ②张… ③张… Ⅲ. ①电子计算机－高等学校－教材 Ⅳ. ①TP3

中国国家版本馆 CIP 数据核字（2023）第 115562 号

责任编辑：路　越　　　　　　　特约编辑：田学清
印　　刷：三河市华成印务有限公司
装　　订：三河市华成印务有限公司
出版发行：电子工业出版社
　　　　　北京市海淀区万寿路 173 信箱　　　邮编：100036
开　　本：787×1 092　　1/16　　印张：9.5　　字数：232 千字
版　　次：2023 年 7 月第 1 版
印　　次：2023 年 7 月第 1 次印刷
定　　价：38.00 元

凡所购买电子工业出版社图书有缺损问题，请向购买书店调换。若书店售缺，请与本社发行部联系，联系及邮购电话：（010）88254888，88258888。
质量投诉请发邮件至 zlts@phei.com.cn，盗版侵权举报请发邮件至 dbqq@phei.com.cn。
本书咨询联系方式：mengyu@phei.com.cn。

前　言

当前，信息技术日新月异，移动通信、物联网、云计算、大数据这些新概念和新技术的出现，在社会经济、人文科学、自然科学的许多领域引发了一系列革命性的突破。信息技术已经融入社会生活的方方面面，深刻改变着人类的思维、生产、生活、学习方式，深刻展示了人类社会发展的前景。

随着这一进程的全面深入，无处不在的计算思维成为人们认识和解决问题的基本能力之一。计算思维，不但是计算机专业学生应该具备的素质和能力，而且是所有大学生应该具备的素质和能力。

在这种背景下，我们编写了本书。本书以教育部高等学校教学指导委员会对"大学计算机基础"课程的教学基本要求为前提，以计算思维为导向并将其贯穿全书始终，目的是使本书的读者能够正确掌握计算思维的基本方式，这对当代大学生在各自的专业领域熟练应用计算机技术是十分必要的。

本书共 7 章，分别是计算文化——计算机与计算思维，计算基础——数据的表示、存储与管理，计算平台——计算机硬件系统，计算平台——计算机软件系统，计算平台——计算机网络，计算方法——算法与程序设计，课程实践——数据处理应用，实际应用以 Windows 10 和 Office 2010 为练习平台，并且在每章都列举了计算机发展过程中遇到的问题和利用计算思维解决问题的办法。

本书由刘辉、张志强、张旋编写完成，并由刘辉统稿和定稿。本书的每位作者都是西安理工大学具有丰富教学经验的教师，他们把对教学经验的总结融入本书的编写过程中。本书内容充实新颖、知识点丰富、层次清晰、通俗易懂，对于初入大学的学生来说是一本优秀的教材。

由于计算机技术发展迅速，知识更新快，加之时间仓促，书中难免有疏漏之处，恳请广大读者批评指正。

目　录

第 1 章

计算文化——计算机与计算思维

从 1946 年世界上第一台通用电子计算机诞生至今，计算机已经在科研、教育、生产等领域得到了广泛应用，催生了计算机文化，促进了计算思维的研究和应用，推动了信息化社会的发展。人们不停地追究、探寻、创新，从而改变了自身的生活方式。掌握计算机基础知识，了解计算思维和新技术，了解利用计算机求解问题的方法，可以帮助人们更好地利用计算机为自己服务，并设计出更先进的计算机器。

1.1 计算与可计算性

人人拥有计算的能力，然而现实世界中的问题并不是都具有可计算性的。

1.1.1 什么是计算

计算的本质是基于规则的符号串变换。也就是说，当我们给定一个已知符号串（输入）时，依据一定的法则进行处理，一步一步地改变这个符号串（变换），经过有限的步骤后得到满足预先规定的新的符号串（期望的输出），这样的过程都可以称为计算。

很多人认同的计算是类似于 1+2=3 这样的数学运算，其实这是根据数学法则对 1+2 进行计算变换为 3 的过程。同理，将一段中文文章在保持语义不变的前提下按照英文语法翻译成英文文章也是计算。

从古至今，人们对计算的操作方式经历了一个漫长的历史发展过程。

（1）手工计算方式。

在旧石器时代，人们记录某种计算的方法是把一些特定的花纹刻在石头上；在春秋战国时期，我国出现的筹算是指用一组竹棍的不同排列进行计算；在东汉时期，被称为"算圣"的刘洪发明的珠算是指用算珠进行计算；后来有了纸和笔，人们创造了一些文字符号，在纸上用笔进行计算。这些计算的共同特征是用手工操作符号，实施符号的变换。

（2）机器计算方式。

人的手工计算速度极慢，我国数学家祖冲之将圆周率 π 推算至小数点后 7 位数用了 15

年的时间。为了提高计算的速度，人类在漫长的文明进化史中发明了许许多多的计算工具。1620 年，英国数学家埃德蒙·甘特（Edmund Gunter）发明了一种使用单个对数刻度的计算设备；1630 年，英国数学家威廉·奥特雷德（William Oughtred）发明了圆形计算尺，可以完成加、减、乘、除、指数函数、三角函数等运算；1642 年，法国数学家布莱士·帕斯卡（Blaise Pascal）发明了世界上第一个加法器；1673 年，德国数学家戈特弗里德·莱布尼茨（Gottfried Leibniz）在布莱士·帕斯卡的基础上制造了能进行简单加、减、乘、除的计算器；1812 年，英国数学家查尔斯·巴贝奇（Charles Babbage）设计了能进行复杂且高难度计算的差分机，于 1834 年又设计了具有更高计算功能的分析机，虽然因资金问题没有制造出来，但是分析机体现了现代电子计算机的结构和设计思想，因此被称为现代通用计算机的雏形。

虽然人们在计算时有了这些工具的帮助，计算速度有了明显提高，但这些计算工具都是手动式或机械式的，因此人们依然在寻求计算工具的变革，寻求计算的"超速"，直到电子计算机的出现，人类进入了一个全新的计算技术时代。

1.1.2　什么是可计算性

一个问题是可计算的，是指这个问题使用计算机可以在有限步骤内解决。但是并不是所有问题都是可计算的，如著名的哥德巴赫猜想就是不可计算的。

阿兰·图灵和他的导师阿隆佐·邱奇关于可计算性的定义（邱奇-图灵论题）是：一切在直觉上可计算的函数都可用图灵机计算，反之亦然。因为图灵机与现代计算机在功能上是等价的，所以也可以说，现代计算机可计算的就具有可计算性。

1.1.3　图灵机模型

1936 年，24 岁的阿兰·图灵（Alan Turing）梦想着能有一种通用的机器，这种机器既能像八音盒一样演奏音乐，又能完成复杂的科学计算。阿兰·图灵在论文中说：制造这样的计算机器是可能的，它可以完成任何的计算序列。阿兰·图灵给出了他的机器模型，我们称之为图灵机，如图 1-1 所示。

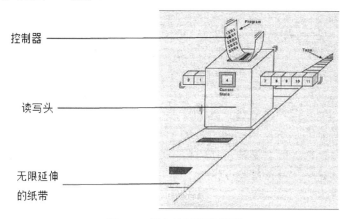

图 1-1　经典的图灵机模型

在图灵机的组成中，有一个无限延伸的纸带，在这个纸带上均匀地划分了一个一个的小格子，这些小格子当中可以书写任何一个符号，也可以让它就是一个空白格；纸带上方有一个读写头完成对纸带上符号的书写，这个读写头可以向左和向右移动，也可以进行读和写的动作（可以在纸带上书写符号，也可以从纸带上阅读符号）；控制器控制读写头按照规则进行移动或读写操作。图灵机的工作过程就是根据读写头当前所读出的符号及控制器的工作状态，来确定它是需要进行移动还是读写的工作。

以完成 $f(n)=10n$ 这个函数的计算为例，设置控制器的控制规则是：

（1）图灵机从右向左扫描；

（2）如果读出的符号在 0～9 之间，那么图灵机右移一位，并且重复这个动作；

（3）如果读出的是空字符，那么读写头进行写 0 操作，并且停机。

例如，在纸带上输入 93，三角形表示读写头，假设图灵机当前的状态在字符 9 处，如图 1-2（a）所示。首先读出字符 9，按照规则，读写头右移后指向字符 3，如图 1-2（b）所示。重复读，读出字符 3，按照规则，读写头继续右移，如图 1-2（c）所示。重复读，读出空字符，则在此位置写下 0，如图 1-2（d）所示。写完 0 之后，读写头按照规则停止。

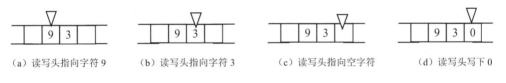

| （a）读写头指向字符 9 | （b）读写头指向字符 3 | （c）读写头指向空字符 | （d）读写头写下 0 |

图 1-2　图灵机的工作过程

当图灵机停止工作时，纸带上的符号由 93 变为 930，它完成的就是一个乘 10 的乘法运算。

可以看出，如果变换了控制规则和当前的状态，也就是不同的控制器，图灵机就可以完成不同的计算内容。纸带、读写头是"死的"，而控制器是"活的"，通过变换不同的控制规则，就可以帮助人们用同一个纸带和读写头完成不同的工作。

用现代的术语来表达图灵机，它由三部分组成，一个是处理器（控制读写头的动作），一个是内存（无限延伸的纸带），一个是程序（控制规则）。在图灵机开始工作的时候，假设数据和程序写入内存中，图灵机根据输入的数据和程序开始执行操作。所以我们说图灵机是计算机的理想数学模型，而阿兰·图灵被载入计算机发展的史册，被称为"计算机科学之父"，并且因著名的"图灵测试"被称为"人工智能之父"，人们还用他的名字设立了计算机界的诺贝尔奖——图灵奖。

1.2　计算机的诞生与发展

计算机是一台机器，它可以根据一组指令或"程序"执行任务或进行计算。准确地说，计算机是由电子器件组成的、具有逻辑判断和记忆能力，能在给定的程序控制下快速、高效、自动完成信息的加工处理、科学计算、自动控制等功能的现代数字化电子设备。计算机通过硬件与软件的交互进行工作。

图 1-3 ENIAC

与早期的那些机器相比，今天的计算机令人惊异，不仅速度快了成千上万倍，还可以放在桌子上、膝盖上，甚至口袋中，成为人们不可或缺的工具。

1.2.1 世界上的第一台通用电子计算机

1946 年 2 月，世界上第一台通用电子计算机 ENIAC（Electronic Numerical Integrator And Calculator，电子数字积分计算机）在美国宾夕法尼亚大学诞生。它是由普雷斯特·埃克特和约翰·毛奇莱等人经过 3 年的努力才研制成功的，最初是为美国军方计算导弹轨迹而开发的。在体型上，ENIAC 非常巨大，大约占满了一个 $170m^2$ 的大房间，重达 30t，如图 1-3 所示。同时 ENIAC 存在两大缺点，一是没有存储器，二是用布线接板进行控制，虽然提高了计算速度，但工作效率并不高。

ENIAC 作为世界上第一台通用电子计算机，奠定了现代计算技术的基础，是计算机发展史上的一个伟大的里程碑。它的出现，标志着人类社会计算机时代的开始。

1.2.2 计算机的发展阶段

图 1-4 冯·诺依曼

美籍匈牙利数学家冯·诺依曼（见图 1-4）于 1944 年以技术顾问身份加入了 ENIAC 的研制小组，为了解决 ENIAC 存在的问题，他参与研制了世界上第二台通用电子计算机 EDVAC（Electronic Discrete Variable Automatic Computer，离散变量自动电子计算机），并于 1945 年发表了关于 EDVAC 的报告草案，提出了计算机的硬件结构并描述了计算机的基本工作原理。冯·诺依曼认为计算机内部应采用二进制表示数据；他将计算机的硬件结构划分成运算器、控制器、存储器、输入设备和输出设备五大模块；他所描述的计算机的基本工作原理被人们称为存储程序技术，即：计算机应具有两个基本能力，一是能够存储程序，二是能够自动地执行程序。冯·诺依曼所描述的计算机的硬件结构及计算机的基本工作原理被人们沿用至今，故人们常称现代计算机为冯·诺依曼机。

从世界上第一台通用电子计算机诞生以来，以采用的物理器件来看，计算机的发展经历了以下阶段。

（1）第一代计算机——电子管时代（1946—1957 年）。物理器件为电子管。

（2）第二代计算机——晶体管时代（1958—1964 年）。物理器件为晶体管，软件开始使用高级语言。

（3）第三代计算机——中、小规模集成电路时代（1965—1970 年）。物理器件为集成电路，在软件方面，操作系统进一步成熟。

（4）第四代计算机——大规模、超大规模集成电路时代（1971 年至今）。物理器件为大规模或超大规模集成电路，这是目前计算机发展的水平。现今的计算机广泛应用于各个领域、各行各业。

（5）新一代计算机——超级计算机（智能计算机）时代。新一代计算机应具有知识表示和逻辑推理能力，可模拟或部分代替人的智能，具有人机自然通信能力。目前，人们仍在不懈努力，力争有所突破。

从采用的物理器件来看，未来新型计算机将可能在以下方面取得突破。

（1）光计算机：用光束代替电子进行计算和存储，具有超强的并行处理能力和超高的运算速度。目前光计算机的许多关键技术（如光存储技术）都已取得重大突破。

（2）生物计算机：采用由生物工程技术产生的蛋白质分子构成的生物芯片。这种芯片拥有巨大的存储能力，并且信息以波的形式传播，运算速度比当前最新一代计算机快10万倍，能量消耗仅相当于当前普通计算机的1/10。

（3）量子计算机：一种遵循量子力学规律，进行高速数学和逻辑运算、存储及处理量子信息的物理装置。目前中国科学技术大学潘建伟教授已经在量子计算机研究方面取得了突破性进展，构建出了世界上第一台超越早期经典计算机的光量子计算机，如图1-5所示。

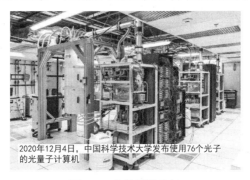

图1-5 光量子计算机

1.2.3 计算机的发展方向

（1）巨型化：指发展高速、大存储容量和功能更强大的巨型机（超级计算机），以满足尖端科技的需求。

超级计算机规定运算速度在每秒1000万次以上，存储容量在1000万位以上，超级计算机是一个国家科技发展水平和综合国力的重要标志。全球每年都会对各国的超级计算机进行测试排名，我国的"天河2号"超级计算机在2013—2015年连续3年夺得第1名，"神威·太湖之光"于2016年和2017年获得第1名，目前，我国有很多研制超级计算机的机构，在超级计算机前500榜中我国总数居世界第一。

（2）微型化：指发展体积小、质量小、价格低、功能强的微型计算机，以满足更广泛的应用领域的需求，如多媒体技术的应用、办公自动化的应用及家庭娱乐等方面的应用。

（3）网络化：网络技术是计算机和通信技术相结合的产物，是信息系统的基础。网络化能将各种信息资源组织在一起，使连网计算机实现资源共享。

（4）智能化：用计算机来模拟人的感觉和思维过程，使计算机具备人的某些智能，如能听，能说，能识别文字、图形和物体，并具备一定的学习和推理能力等。

（5）多媒体化：使计算机能更有效地处理文字、图形、动画、音频、视频等多种形式的媒体信息，使人们能更自然、更有效地使用这些信息。

1.2.4 计算机的应用

当今社会，计算机的应用范围非常广泛，从人造卫星到家用电器，从科学计算到日常生活，计算机无处不在。计算机及其应用已经渗透到社会的各个方面，改变着传统的工作、学习和生活方式，推动着信息社会的发展，数字化生活可能会成为未来生活的主要模式。计算机的主要应用领域如下。

（1）科学计算。应用计算机处理科学研究和工程技术中所遇到的数值计算，如天文、地质、气象、航天等领域涉及的大量计算问题。

（2）数据处理。利用计算机对大量数据进行加工处理，如订票系统、库存管理、财务管理、情报检索等，这是当今社会计算机最主要的一个应用领域。

（3）过程控制。用计算机实时收集和检测被控对象的参数，按最佳方案对其进行自动控制。

（4）计算机辅助工程。计算机辅助工程包括计算机辅助设计（CAD）、计算机辅助制造（CAM）、计算机辅助测试（CAT）、计算机辅助教学（CAI）等。

（5）电子商务。使用计算机和网络进行新型商务活动，以 B2B、B2C、C2C 等方式，将生产企业、流通企业、消费者和政府管理部门带入一个网络经济、数字化生存的新天地，让人们不受时间、地域的限制，以简捷的方式完成较为烦琐复杂的商务活动。

（6）多媒体技术。以计算机技术为核心，将现代声像技术和通信技术融为一体，如可视电话、视频会议系统等。

（7）人工智能（AI）。利用计算机模拟人类的某些智能行为（如感知、思维、推理、学习等）。人工智能是一门集计算机技术、传感技术、控制理论、材料科学于一体的边缘学科，如人脸识别、智能家居、无人驾驶等。

1.3 计算机的新技术

1.3.1 高性能计算

高性能计算和日常计算一样，区别只在于它的计算能力更强大，所以也称为超级计算。

1. 什么是高性能计算

高性能计算（High Performance Computing，HPC）是指通过聚合计算能力来提供比传统计算机或服务器更强大的计算性能。高性能计算能够通过聚合结构，使用多台计算机和存储设备以极高速度处理大量数据，帮助人们探索科学、工程及商业领域中的一些世界级的重大难题。

2．高性能计算的工作原理

在实际应用中，有一些负载对于任何一台计算机来说都过于庞大。对此，高性能计算可使多个节点（计算机）以集群的形式协同作业，在短时间内执行海量计算，从容应对这些规模庞大又极其复杂的负载挑战。

并行负载是高性能计算常见的一种负载形式。并行负载是指 1 个计算问题被细分为多个小型、简单的独立任务，这些任务可以同时运行，通常相互之间几乎没有通信。例如，一家企业可能向某节点集群中的各个处理器核心提交了 1 亿条记录，其中，处理一条记录就是一个小任务，当 1 亿条记录分布在整个集群上时，1 亿个小任务就能以惊人的速度同时（并行）执行。因此可以说，高性能计算就是利用超级计算机实现并行计算的理论、方法、技术及应用的一门技术科学。围绕利用不断发展的并行处理单元及并行体系架构实现高性能并行计算这一核心问题，该领域研究范围包括并行计算模型、并行编程模型、并行执行模型、并行自适应框架、并行体系架构、并行网络通信及并行算法设计等。

3．高性能计算的应用

高性能计算可以在本地、云端或混合模式下运行，在一些行业中的应用及相应的工作负载类型如下。

（1）航空航天：创建复杂模拟，如飞机机翼上的气流。

（2）制造：通过模拟来增强新产品（如自动驾驶汽车）的设计、制造和测试，从而生产更加安全的产品和更轻的零部件，提高流程效率，促进创新。

（3）金融科技（Fintech）：执行复杂风险分析、高频交易、财务建模和欺诈检测。

（4）基因组学：通过 DNA 测序、药物相互作用分析和蛋白质分析来推进系谱学研究。

（5）医疗卫生：研发药物、研发疫苗，以及为常见和罕见疾病研究创新疗法。

（6）媒体和娱乐：创建动画、渲染电影特效、转码大型媒体文件及创建沉浸式娱乐体验。

（7）零售：分析海量用户数据，从而为用户提供更有针对性的产品建议和更优质的服务。

1.3.2　大数据

随着产业界数据量的爆炸式增长，数据以前所未有的速度积累，大数据概念受到越来越多的关注。

1．什么是大数据

大数据（Big Data）或称巨量资料，指的是所涉及的资料量规模巨大，存储数据的单位从早期的字节（Byte）、MB、GB，已经变为 PB、EB、ZB。众多权威机构对大数据给予了不同的定义，获得普遍共识的是国际权威研究机构 Gartner 给出的定义：大数据是需要新处理模式才能具有更强的决策力、洞察力和流程优化能力的海量、高增长率和多样化的信息资产。

2．大数据的特征和意义

大数据具有 4V 特征，即规模性（Volume）、多样性（Variety）、实时性（Velocity）和价值性（Value）。

（1）规模性：数据量巨大，以 PB、EB 甚至 ZB 为单位。马丁·希尔伯特和普里西利亚·洛佩兹曾对 1986—2007 年人类所创造、存储和传播的一切信息数量进行了追踪计算，研究范围大约涵盖了 60 种模拟和数字技术：书籍、图画、信件、电子邮件、照片、音乐、模拟和数字视频、电子游戏、电话、汽车导航等。据他们估算，2013 年世界上存储的数据能达到约 1.2ZB。甚至有人估算，如果把这些数据全部记在书中，这些书可以覆盖整个美国 52 次；如果存储在只读光盘上，这些光盘可以堆成 5 堆，每堆都可以延伸到月球。

（2）多样性：数据类型多样，除传统的销售、库存等数值数据外，还包括网页、文档、音频、视频、网络日志、通话记录、地理位置信息、传感器数据等以各种形式存在的数据。这些数据中大约 5% 是结构性数据，95% 是非结构性数据，使用传统的数据库技术无法存储这些数据，这势必会引发相应技术的变革。

（3）实时性：处理速度快，时效性高。在数据处理速度方面，有一个著名的"1 秒定律"，即在秒级时间范围内给出分析结果，这是大数据与传统数据挖掘相区别的显著特征。例如，全国用户每天产生和更新的微博、微信和股票信息等数据，随时都在产生，随时也在传输，这就要求处理数据的速度必须非常快；2020 年新冠疫情期间使用的"一码通"能随时记录你的位置信息并根据所处地区的疫情情况在扫码后决定是否改变颜色并发出预警。

（4）价值性：数据价值密度低，数据背后巨大的潜在价值只有通过分析才能实现。大数据技术的战略意义不在于掌握庞大的数据信息，而在于对这些含有意义的数据进行专业化处理，通过对数据的"加工"实现数据的"增值"。

大数据时代，人们对待数据的思维方式发生了如下变化。

（1）从样本思维转向总体思维：不是随机抽样统计，而是面向全体数据。过去在数据处理能力受限的情况下用随机抽样统计方法可以从最少的数据中得到最多的发现，然而在大数据时代，人们具备了获取和分析更多数据的能力，可以不再依赖于采样，而是通过全体样本更清楚地发现小样本无法揭示的细节信息。

（2）从精确思维转向容错思维：不是精确性，而是混杂性。在只有 5% 的数据是结构性数据且能适用于传统数据库的情况下，如果不接受混杂，那么剩下 95% 的非结构性数据都无法利用。只有接受不精确，我们才能打开一扇从未涉足的世界窗户。也就是说，在大数据时代，当拥有海量即时数据时，绝对的精准不再是追求的主要目标，适当忽略微观层面上的精确性，容许一定程度的错误与混杂，反而可以在宏观层面拥有更好的知识和洞察力。

（3）从因果思维转向相关思维：不是因果关系，而是相关关系。一项"奇葩"的大数据分析结果是买纸尿布的男人也会买啤酒，买纸尿布与买啤酒这二者是没有因果关系的，而是通过大数据技术挖掘出来的事物之间隐藏的相关关系。

3．大数据的应用

目前，大数据技术已经基本成熟，应用大数据并取得成功的领域越来越多，大数据正在人类的社会实践中发挥着巨大的优势。例如，在电商行业，系统分析用户的购买习惯，为其推送他可能感兴趣的信息；在金融行业，阿里信用贷款根据用户的征信数据实现无须人工干预且坏账率低的无抵押、无担保贷款；在公共安全方面，警察利用大数据追捕逃犯；在医疗行业，医院借助大数据平台收集不同病例的特征和治疗方案，建立针对疾病特点的数据库；在农业生产中，从农作物的种植选择到收获运输等所有环节，利用大数据为农民做好预决策，指导农民依据商业需求进行农产品生产；在交通领域，利用大数据了解车辆通行密度，合理进行道路规划；在教育领域，利用大数据帮助家长和教师甄别出孩子的学习问题和有效的学习方法；在体育运动方面，通过视频跟踪运动员每个动作的情况，从而制定专门的训练计划等。大数据的应用不胜枚举，大数据分析的影响力越来越为人所知。

1.3.3　云计算

云计算（Cloud Computing）时代又称为云时代，是时下 IT 界最热门、最时髦的词汇之一。

1. 什么是云计算

"云"是对计算机集群的一种形象比喻，每一集群包括几十台，甚至上百万台计算机，通过互联网随时随地为使用者提供各种资源和服务。使用者只需要一个能上网的终端设备（如计算机、智能手机、掌上电脑等），一旦有需要，就可以快速地使用云端的资源，而无须关心存储或计算发生在哪朵"云"上。

对云计算的定义有多种说法，现阶段广为接受的是美国国家标准与技术研究院（NIST）的定义：云计算是一种按使用量付费的模式，这种模式提供可用的、便捷的、按需的网络访问，进入可配置的计算资源共享池（资源包括网络、服务器、存储、应用软件、服务），这些资源能够被快速提供，只需投入很少的管理工作，或者与服务供应商进行很少的交互。

从狭义上讲，云计算就是一种提供资源的网络，使用者可以随时获取"云"上的资源，按需求量使用，并且可以看成是无限扩展的，只要按使用量付费就可以。"云"就像自来水厂一样，我们可以随时接水，按照自己家的用水量，付费给自来水厂就可以。

从广义上说，云计算是与信息技术、软件、互联网相关的一种服务，这种计算资源共享池叫作"云"，云计算把许多计算资源集合起来，通过软件实现自动化管理，只需要很少的人参与，就能让资源被快速提供。也就是说，计算能力作为一种商品，可以在互联网上流通，就像水、电、煤气一样，可以方便地取用。

总之，云计算不是一种全新的网络技术，而是一种全新的网络应用概念，云计算的核心概念就是以互联网为中心，在网站上提供快速且安全的云计算服务与数据存储，让每一个使用互联网的人都可以使用网络上的庞大计算资源与数据中心。

云计算带给我们的便利性如下。

（1）按需付费。使用者根据自己业务需求购买适合自己当前业务规模的资源进行使用。

（2）弹性伸缩。使用者通过单击鼠标就可以升级或降级所使用的资源，灵活性强。

（3）可靠性高。即使服务器故障，也不影响计算与应用的正常运行。因为单点服务器出现故障可以通过虚拟化技术将分布在不同物理服务器上的应用进行恢复或利用动态扩展功能部署新的服务器进行计算。理论上云计算提供了安全的数据存储和使用方式。

2. 云计算的服务类型

（1）软件即服务（Software as a Service，SaaS）。

SaaS 位于云计算服务的顶端，是指软件使用者通过互联网就能直接使用软件应用，不需要本地安装，也没必要自己研发，如在线邮件服务、网络会议等。云计算供应商可以托管和管理各种应用软件，软件开发商、运营商可以通过云计算来为软件使用者提供按需支付的软件使用权限。

（2）平台即服务（Platform as a Service，PaaS）。

PaaS 是指为开发者提供一个平台，项目开发者可在云上按需支付所需系统软件的使用权，如操作系统、数据库管理系统、开发平台、中间件等，让项目开发者在全球互联网上建立相关应用和服务。

（3）基础设施即服务（Infrastructure as a Service，IaaS）。

IaaS 是指企业或个人都可以利用云计算技术来远程访问计算资源，这包括计算、存储及应用虚拟化技术所提供的相关功能。无论是最终用户还是 PaaS 提供商，都可以从基础设施服务中获得应用所需的计算能力，但无须对支持这一计算能力的基础 IT 软硬件付出相应的原始投资成本。

3．云计算的应用领域

（1）存储云。存储云又称云存储，是一个以数据存储和管理为核心的云计算系统。使用者可以将本地的资源上传至云端，也可以在任何地方连入互联网获取云上资源。谷歌和微软等大型网络公司都有存储云的服务。我国国内的百度云和微云是市场占有量较大的存储云。

（2）医疗云。医疗云是指在云计算、移动技术、多媒体、大数据等新技术基础上，结合医疗技术，使用云计算创建医疗健康服务云平台，如现在医院预约挂号、电子病历、医保等就是云计算与医疗领域结合的产物。

（3）金融云。金融云是指利用运算模型，将信息、金融和服务等功能分散到庞大分支机构构成的互联网"云"中，目的是为银行、保险和基金等金融机构提供互联网处理和运行服务，同时共享互联网资源，如用手机完成快捷支付、购买保险、基金买卖等。

（4）教育云。教育云可以将所需要的任何教育硬件资源虚拟化，然后将其传入互联网中，以向教育机构、学生和教师提供一个方便快捷的平台。例如，现在流行的 MOOC 就是一种教育云的应用，我国提供 MOOC 的平台有中国大学 MOOC、学堂在线、微助教等。

1.3.4 物联网

物联网与互联网有本质的不同，互联网的终端是计算机，连接的是使用计算机的人和人描述的物，而物联网的终端不仅是计算机，还有嵌入式计算机系统和配套的传感器，连接的是人和真实的物，所以物联网能使所有人和物在任何时间、任何地点都可以实现人与人、人与物、物与物之间的信息交互。

1．什么是物联网

简单地说，物联网就是物物相联的互联网。这有两层意思，一是物联网的核心和基础是互联网，是在互联网基础上的延伸和扩展的网络；二是将其用户延伸和扩展到任何物品与物品之间进行信息交换和通信的一种网络。物联网示意图如图 1-6 所示。

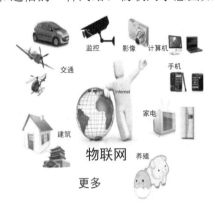

图 1-6　物联网示意图

严格地说，物联网的定义是：通过射频识别（RFID）、红外传感器、全球定位系统、激光扫描器等信息传感设备，按约定的协议，把任何物品与互联网相连接，进行信息交换和通信，以实现智能化识别、定位、跟踪、监控和管理的一种网络概念。在这个网络中，物品（商品）能够彼此进行"交流"，而无须人工干预。其实质是利用射频识别技术，通过计算机互联网实现物品（商品）的自动识别和信息的互联与共享。物联网具有普通对象设备化、自治终端互联化和普适服务智能化三个重要特征。

这里的"物品"要满足以下条件才能够被纳入物联网的范围。

（1）要有数据传输通路。

（2）要有 CPU 和一定的存储功能。

（3）要有操作系统和专门的应用程序。

（4）遵循物联网的通信协议和在世界网络中有可被识别的唯一编号。

2．物联网的架构与关键技术

物联网架构分为三层：感知层、网络层和应用层，如图 1-7 所示。

图 1-7　物联网架构

11

（1）感知层：由各种传感器构成，包括电子标签、读卡器、摄像头、红外传感器、停车场传感器、人体传感器等感知终端。感知层是物联网识别物体、采集信息的来源。

（2）网络层：由各种网络，包括互联网、广电网、网络管理系统和云计算平台等组成，是整个物联网的中枢，负责传输和处理感知层获取的信息。

（3）应用层：是物联网和用户的接口，它与行业需求结合，实现物联网的智能应用。

物联网应用中的关键技术如下。

（1）传感器技术：这是计算机应用中的关键技术。传感器类似于人的"感觉器官"，需要把获取到的各种信息进行处理和识别，并转换成数字信号，这样计算机才能处理。

（2）RFID 技术：这是物联网的基础技术，其实也是一种传感器技术，它通过射频信号非接触式地自动识别目标对象并获取相关数据。RFID 技术如图 1-8 所示。

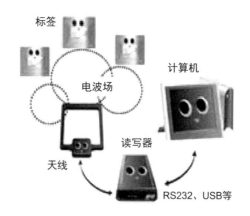

图 1-8　RFID 技术

（3）嵌入式系统技术：这是综合了计算机软硬件、传感器技术、集成电路技术、电子应用技术的复杂技术。经过几十年的演变，以嵌入式系统为特征的智能终端产品随处可见，小到人们身边的运动手环或智能手表，大到航空航天的卫星系统，工作生活中的工控设备、家电设备、通信设备、汽车电子设备等都有嵌入式系统技术的应用。

3．物联网的应用

物联网的应用非常广泛，遍及智能交通、环境保护、政府工作、公共安全、智能家居、智能医疗、工业监测、环境监测、智慧城市、老人护理、食品溯源、敌情侦查和情报搜集等诸多领域。

（1）智能家居。

智能家居以住宅为平台，利用先进的计算机技术、嵌入式系统技术、传感器技术和网络通信技术等，将家中的各种设备（照明系统、安防系统、环境控制系统、智能家电等）有机地连接到一起，如图 1-9 所示。

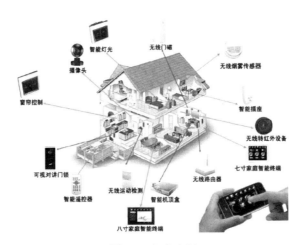

图 1-9　智能家居

　　智能家居能让人类使用更方便的手段来管理家庭设备，如智能家居控制方式可以采用本地控制、遥控控制、集中控制、手机远程控制、感应控制、网络控制、定时控制等，智能家居内的各种设备相互间可以通信，多个设备根据不同的状态可以形成联动，从而最大限度给使用者提供高效、便利、舒适与安全的居住环境。

　　（2）智能交通。

　　智能交通是当今世界交通运输发展的热点和前沿，智能交通系统是将先进的计算机技术、传感器技术、数据通信技术、网络技术、控制技术等有效地集成运用于整个交通管理体系，建立起一种大范围、全方位发挥作用的，实时、准确、高效的综合交通管理系统，如图 1-10 所示。该系统包含交通信息采集、交通信息发布、现场交通管理和交通信息管理等环节，通过对机动车信息和路况信息的实时感知和反馈，在 GPS、RFID、GIS 等技术的支持下，实现车辆和路网的"可视化"管理与监控。

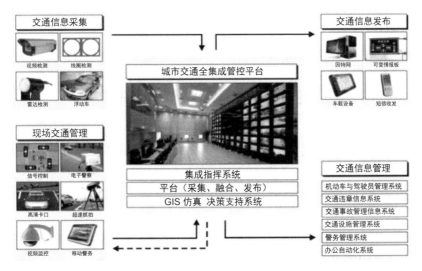

图 1-10　智能交通系统

（3）智能医疗。

智能医疗通过打造健康档案区域医疗信息平台，利用物联网相关技术，实现患者与医务人员、医疗机构、医疗设备之间的互动，建立一个统一便捷、互联互通、高效智能的预防保健、公共卫生和医疗服务的智能医疗保健环境，为患者提供实时动态的健康管理服务，为医生提供实时动态的医疗服务平台，为卫生管理部门提供实时动态的健康档案数据。

（4）智慧城市。

智慧城市是城市信息化的高级形态。狭义上的智慧城市是指以物联网为基础，通过物联化、互联化、智能化方式，让城市中各个功能彼此协调运作，以智慧技术高度集成、智慧产业高端发展、智慧服务高效便民为主要特征的城市发展新模式。广义上的智慧城市是指以"发展更科学，管理更高效，社会更和谐，生活更美好"为目标，以自上而下、有组织的信息网络体系为基础，整个城市具有较为完善的感知、认知、学习、成长、创新、决策、调控能力和行为意识的一种全新城市形态。

图 1-11　智慧城市平台

智慧城市要求在城市的发展过程中，在城市基础设施、资源环境、社会民生、经济产业、市政管理领域中，充分利用物联网、互联网、云计算、高性能计算、智能科学等新兴信息技术手段，对市民生活工作、企业经营发展和政府行使职能过程中的相关活动与需求，进行智慧地感知、互联、处理和协调，使城市构建为一个由新技术支持的和管理理念先进的涵盖市民、企业和政府的新城市生态系统，为市民提供一个美好的生活和工作环境，为企业创造一个可持续发展的商业环境，为政府构建一个高效的城市运营管理环境，让城市变得更"聪明"，让生活变得更美好。智慧城市平台如图 1-11 所示。

4．发展趋势

人们对物联网时代的愿景是：当司机出现操作失误时，汽车会自动报警；衣服会"告诉"洗衣机对颜色和水温的要求；供电设备在出现问题时会向检修人员预警；当搬运人员卸货时，货物可能会大叫"你扔疼我了"。这就是人们期待的"智慧城市""智慧地球"。

物联网将是下一个推动世界高速发展的"重要生产力"，是继通信网之后的另一个万亿级市场。业内专家认为，物联网一方面可以提高经济效益，大大节约成本；另一方面可以为全球经济的复苏提供技术动力。

1.3.5　人机交互新技术

人机交互是计算机科学的主要分支领域之一，旨在研究机器如何与人进行合理的交流互动。自第一台通用电子计算机在宾夕法尼亚大学诞生以来，人机交互技术就深深地影响着计算机科学的发展进程，每一次人机交互技术的革新都会给个人计算机与互联网的普及带来新曙光。

1．什么是人机交互技术

人机交互（Human-Computer Interaction，HCI）是关于设计、评价和实现供人们使用的交互式计算机系统，并且围绕这些方面的主要现象进行研究的科学。人机交互技术是通过计算机 I/O 设备以有效的方式实现人与计算机对话的技术。该技术包括从人到计算机的信息交换和从计算机到人的信息交换这两个部分，人通过输入设备给计算机输入有关信息和回答问题等，输入设备从传统的键盘、鼠标逐步发展到数据服装、眼动跟踪器、数据手套等设备，用手、脚、声音、姿势或身体动作，甚至脑电波等向计算机传递信息；计算机通过输出或显示设备给人提供大量有关信息及提示等，输出设备从传统的显示器、打印机、绘图仪逐步发展到三维打印机、头盔式显示器、洞穴式显示环境等。可以看出，人机交互模式随着其使用人群的扩大和不断向非专业人群的渗透，越来越回归到一种自然、便捷的方式。

2．虚拟现实技术

虚拟现实（Virtual Reality，VR）是指利用计算机等设备创造一种崭新的人机交互手段，模拟产生一个逼真的三维视觉、触觉、嗅觉等多种感官体验的虚拟世界，从而使处于虚拟世界中的人产生一种身临其境的感觉。在这个虚拟世界中，人们可直接观察周围世界及物体的内在变化，与其中的物体进行自然的交互，并能实时产生与处于真实世界相同的感觉，人与计算机融为一体。一个虚拟现实场景如图 1-12 所示。

图 1-12　一个虚拟现实场景

虚拟现实技术具有 3 个显著特性：沉浸性（Immersion）、交互性（Interaction）和想象性（Imagination），三者被称为 3I 特性。

（1）沉浸性。沉浸性是指能让人完全融入虚拟环境，就好像在真实世界中一样。

（2）交互性。在虚拟现实系统中，人们可以利用一些传感设备，以自然的方式与虚拟环境进行交互，实时产生与真实世界相同的感知。例如，当人用手去抓取虚拟环境中的物体时，手就有握东西的感觉，而且可感觉到物体的质量。

（3）想象性。虚拟环境是设计者根据自己的主观意识想象出来用来实现一定目标的，参与者进入虚拟环境也可以根据自己的感觉和认知能力吸收知识，创立新的概念和环境。

这 3 个"I"突出了人在虚拟现实系统中的主导作用：①人不只是被动地通过键盘、鼠标等输入设备和计算环境中的单维数字化信息发生交互作用，从计算机系统的外部去观测计算处理的单调结果，而是能够主动地沉浸到计算机系统所创建的环境中，计算机将根据参与者的特定行为实现人机交互；②人用多种传感器与多维化信息系统的环境发生交互，即用集视、听、嗅、触等多感知于一体的、人类更为适应的认知方式和便利的操作方式进行，以自然、直观的人机交互方式来实现高效的人机协作，从而沉浸其中，有"真实"体验；③人能像对待一般物理实体一样去直接体验、操作信息和数据，并能在体验中插上想象的翅膀，翱翔于这个多维化信息构成的虚拟空间中，成为和谐人机环境的主导者。

虚拟现实技术的应用前景非常广阔，它开始于军事领域的需求，最初的模拟是用来训练飞行员的，目前遍及商业、医疗、工程设计、娱乐、教育和通信等诸多领域。图 1-13 所示为虚拟现实技术的应用。

（a）智慧农业虚拟实验平台

（b）虚拟数字主持人

图 1-13　虚拟现实技术的应用

3. 可穿戴技术

可穿戴技术（Wearable Technology）最早是 20 世纪 60 年代由麻省理工学院媒体实验室提出的创新技术，它实际上是让虚拟和现实世界无缝结合的增强现实技术。利用该技术可以把多媒体、传感器和无线通信等技术嵌入人们的衣物中，可支持手势和眼动操作等多种交互方式，主要探索和创造可直接穿戴的智能设备。这相当于将计算机穿戴在人体上，计算机伴随在人们的日常生活中随时实现一定的交互，提供各种帮助。目前被大多数人熟悉且受欢迎的可穿戴设备就是智能手表。在未来世界里，可穿戴设备将像现在的手机一样，贯穿我们的生活。

1.4　计算思维基础

1.4.1　什么是计算思维

计算思维属于科学思维，科学思维是人类科学活动中所使用的思维方式。在人类文明的发展史中一个重要的组成部分就是人类不断地认识自然、改造自然，这也是科学技术发展史。目前自然科学领域公认的三大科学研究方法是理论方法、实验方法和计算方法，对应的三大科学思维是理论思维、实验思维和计算思维。

（1）理论思维。理论思维又称逻辑思维或抽象思维，是人们认识事物时能动地使用概念、推理、判断等方法对客观世界的认识过程，具有推理和演绎的特征，以哲学和数学学科为代表，代表人物有苏格拉底、柏拉图、亚里士多德、莱布尼茨等人。

（2）实验思维。实验思维又称实证思维，是人类通过观察和实验获取自然规律的方法，具有观察和归纳的特征，以物理学科为代表，代表人物有伽利略、开普勒、牛顿等人。

（3）计算思维。计算思维又称构造思维，是指通过具体的算法来构造和解决具体问题，具有形式化和机械化的特征，以计算机学科为代表。

这三种思维都是人类科学思维方式中固有的部分，各有特点，相辅相成。其中，理论思维强调推理，实验思维强调归纳，计算思维希望能自动求解，它们共同组成了人类认识世界和改造世界的基本科学思维内容，以不同的方式推动着科学和人类文明的发展。

但是，在计算机被发明之前，理论思维和实验思维发展迅猛，而计算思维虽然随着计算工具的变革内容不断拓展，但与另两种思维相比发展非常缓慢，直到人类通过思考自身的计算方式，在不断的科技进步和发展中发明了现代电子计算机这样的快速计算工具，才给计算思维的研究和发展带来了根本性的变化。2006 年，美国卡内基梅隆大学计算机系的周以真教授首次系统性地定义了计算思维，由此开启了计算思维大众化的全新历程。周以真教授指出，计算思维是运用计算机科学的基础概念进行问题求解、系统设计，以及人类行为理解的涵盖计算机科学之广度的一系列思维活动。计算机科学不仅提供了一种科技工具，更重要的是提供了计算思维，即从信息变换的角度有效地定义问题、分析问题和解决问题的思维方式。她认为，如同所有人都具备"读、写、算"能力一样，计算思维也应成为面向智能时代必须具备的一种基本思维能力。

计算思维是人的思考方式，是人解决实际问题的一种能力。例如，当学生早晨上学时，把当天所需要的东西放进书包，这种解决问题的方法应用到计算机中就是"预置和缓存"；当有人丢失自己的物品，好心人建议他沿着走过的路线去寻找，这就叫"回推"；在超市付费时，决定排哪个队，这就是"多服务器系统"的性能模型。计算思维不是一门孤立的学科知识，它源于计算机科学，又和数学思维、工程思维有非常紧密的关系。在日常生活中，每个人都可以运用计算思维这种思考方式，并且这种思维方式可使问题解决化繁为简、事半功倍。

1.4.2　计算思维的本质特征

计算思维的本质特征是抽象（Abstraction）和自动化（Automation）。

抽象是指把现实中的事物或解决问题的过程通过化简等方式，抓住关键特征，变为计算设备可以处理的数学模型；自动化是指把高强度的或海量的运算交给高速的计算设备进行自动处理。下面以几个例子说明计算思维的本质特征。

【例 1.1】哥尼斯堡七桥问题。

18 世纪，普鲁士的哥尼斯堡有一条河穿过，河上有两个小岛，有七座桥把两个小岛和河岸连接起来，如图 1-14 所示。有人提出一个问题：一个步行者怎样才能不重复、不遗漏地一次走完七座桥，最后回到出发点？

在相当长的时间里，这个问题始终未能解决。

1736 年，瑞士数学家莱昂哈德·欧拉（Leonhard Euler）将这一问题抽象成如图 1-15 所示的数学问题，在解答了问题的同时，开创了数学的一个新分支——图论。欧拉处理问题的独特之处是把一个实际问题抽象成合适的数学模型，这种研究方法就是数学模型方法，这就是计算思维中的抽象。这种抽象并不需要运用多么深奥的理论，但是想到这一点是解决问题的关键。

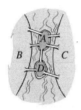
图 1-14 哥尼斯堡七桥问题

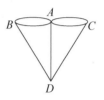
图 1-15 哥尼斯堡七桥问题的抽象

【例 1.2】百钱买百鸡问题。

约公元 5 世纪，我国古代数学家张丘建在《张丘建算经》中出了一道题："鸡翁一，值钱五；鸡母一，值钱三；鸡雏三，值钱一；百钱买百鸡。问鸡翁、鸡母、鸡雏各几只？"

原书没有给出解法，我国古书的著名校勘者甄鸾和李淳风在注释该书时也没有给出解法，直到 1815 年骆腾风用大衍求一术解决了百钱买百鸡问题，到 1874 年丁取忠给出了一种算术解法。

根据题意，设鸡翁、鸡母、鸡雏各 x、y、z 只，建立的线性方程组如下：

$$\begin{cases} x+y+z=100 \\ 5x+3y+z/3=100 \end{cases}$$

这是一个未知量的个数不等于方程个数的不定方程组，它的解有 0 个或多个。现在用计算机编程对这类问题通常采用"穷举法"解决，也就是对问题的所有可能情况一个一个进行测试，在几秒中就可以找出满足条件的所有解。

计算思维的特征如下。

（1）计算思维属于人的思维方式，不是计算机的思维方式。计算机之所以能求解问题，是因为人将计算思维的思想赋予了计算机，如穷举、迭代等思想都是在计算机发明之前人类早已经提出和使用过的，人类将这些思想赋予计算机后，计算机才能进行这些计算。

（2）计算思维的过程可以由人执行，也可以由计算机执行。例如，穷举、迭代，人和计算机都可以计算，只不过人计算的速度很慢。

（3）计算思维是思想，不是人造物。计算思维是计算这一概念用于求解问题、管理日常生活，以及与他人交流和互动的思想。

（4）计算思维是概念化，不是程序化。编写的程序可以告诉计算机要做什么和怎么做，而计算思维是让人们能够明白要告诉计算机做什么。例如，人们去旅游之前，一般会先查资料规划路线，再按照规划的路线行动，这种"做规划"就是计算思维，根据规划执行各种行动就是编程。

1.5　计算机发展历程中蕴含的计算思维

计算思维的要点是精准地描述信息变换过程的操作序列，并使用信息变换过程认识世界，有效地构造计算过程，从而解决问题。

为了足够精准地描述信息变换过程，必须用信息符号的方式定义并推导信息变换过程，使用布尔逻辑或图灵机能够在比特层次精准地定义并描述计算过程的正确性。英国数学家乔治·布尔提出的布尔逻辑使得数据的表示弃十选二，只要能够用逻辑代数把人类思维表示出来，就可以用门电路构成的"机器"进行计算；德国数学家希尔伯特在 1900 年提出了23 个数学问题，其中一个问题是"数学的证明过程能否机械化？"；阿兰·图灵分析和研究了人类自身运用纸和笔等工具进行数学计算的全过程，提出了一种抽象的计算模型——图灵机；冯·诺依曼机与图灵机一脉相承，但最大的不同是读写头不再需要一格一格地读写纸带，而是根据指定的存储器的地址，随机地跳到相应位置完成读写，同时为了实现过程自动化，将整个过程的全部指令和数据都组织好存储在存储器中，由机器自动读取指令，存取数据，从而自动完成整个过程。

在解决复杂问题时，有时需要从信息变换过程的角度发现和发明求解各类抽象科学问题与应用技术问题的精确方法，从而达到计算时间短、使用计算资源少的效果，这就要求在时间和空间之间，在处理能力和存储容量之间进行折中选取；信息变换过程往往通过具体的硬件系统、软件系统、服务系统得以体现，这就需要设计、评价并使用抽象计算系统和真实计算系统；当问题需要多个算法组合起来进行解决从而需要多个节点连接组合形成网络时，就需要研究有效的网络。所有这些利用计算机分析问题、解决问题的思维活动就是计算思维。

习题

1．简述计算工具的演变。
2．简述图灵机的组成和工作过程。
3．冯·诺依曼体系结构计算机有什么特点？
4．计算机的发展经历了哪几个阶段？各阶段的主要特征是什么？
5．简述计算机的发展趋势。
6．简述计算机在自己专业领域中的主要应用。
7．什么是大数据？大数据有什么特征？
8．什么是计算思维？计算思维的本质特征是什么？举例说明计算思维在自己专业领域中的应用。

第 2 章
计算基础——数据的表示、存储与管理

计算机能够对数据信息进行高速自动处理。这些数据信息在自然界中以多种形式呈现，可以是数字、字符、符号、声音、图形、图像等。我们要想更好地使用和操作计算机，就需要了解这些数据信息在计算机中的表示、存储和管理方法。

2.1 计算机中的数制

计算机的主要功能是进行信息处理，计算机内的任何信息都必须采用二进制的数字化编码形式，才能被计算机存储、处理和传输。

2.1.1 数的编码单位

计算机中数据编码的最小单位是 bit（位，音译为比特，表示一个二进制位），位是计算机内部数据存储的最小单位。例如，1010100 是一个 8 位二进制数。一个二进制位只可以表示 0 和 1 两种状态（$2^1 = 2$），两个二进制位可以表示 00、01、10、11 共四种状态（$2^2 = 4$）。

8 位二进制数为 1 Byte（字节，音译为拜特，简写为 B），字节是最基本的数据单位。1B=8 bit，1024B = 1KB，1024KB = 1MB，1024MB = 1GB。

2.1.2 计算机中的常用计数制

1. 数制的概念

按进位方式进行计数的数制称为进位计数制。日常生活中大多采用十进位计数制，简称十进制。

进位计数制有三个基本要素：数位、基数和位权。

（1）数位：指数码在各种进位计数制的一个数中所处的位置，用 $\pm n$ 表示。例如，十进制数 123.4 数码 2 的数位为+1，数码 4 的数位为-1。

（2）基数：指各种进位计数制的一个数位上允许使用的数码的数目。例如，十进制的数码有 0~9 共十个，因此十进制的基数为 10；二进制的数码有 0 和 1，因此二进制的基数为 2。

（3）位权：每个数位上的位权是一个常数，权值是以基数为底、数位为指数的整数次幂。例如，十进制数 123.4 数码 2 的位权为 10^{+1}，数码 4 的位权为 10^{-1}。

每个数码所表示的数值等于该数码乘以它的位权，如十进制数 123.4 可以表示为 $1 \times 10^{+2} + 2 \times 10^{+1} + 3 \times 10^{0} + 4 \times 10^{-1}$，二进制数 1011.01 可表示为 $1 \times 2^{3} + 0 \times 2^{2} + 1 \times 2^{+1} + 1 \times 2^{0} + 0 \times 2^{-1} + 1 \times 2^{-2}$。

2．常用的进位计数制

常用的进位计数制有二进制、十进制、八进制、十六进制。

不同的进位计数制以基数来区分。若以 r 代表基数，则在 r 进制中，具有 r 个数码，它们分别是 0、1、2、……、$(r-1)$。采用的进位规则为由低位向高位逢 r 进一。

在二进制中，$r = 2$，使用 0、1 共两个数码，逢二进一。

在十进制中，$r = 10$，使用 0、1、2、……、9 共十个数码，逢十进一。

在八进制中，$r = 8$，使用 0、1、2、……、7 共八个数码，逢八进一。

在十六进制中，$r = 16$，使用 0、1、2、……、9、A、B、C、D、E、F 共十六个数码，逢十六进一。

不同进位计数制的表示方法有后缀法、前缀法、下标法。

（1）后缀法：用加后缀的方法来区分不同的数制。例如，在数字后面加上后缀 B 表示一个二进制数，后缀为 D 或不加后缀表示十进制数，后缀为 H 表示十六进制数，后缀为 O 表示八进制数。

（2）前缀法：用加前缀的方法来区分不同的数制。例如，在数字前面加上前缀 0x 表示十六进制数，前缀为 0 表示八进制数，前缀为 0B 表示二进制数。这种方法常用于编程语言中的数据表示。

（3）下标法：直接用下标来区分不同的数制。例如，二进制数表示为 $(110010)_2$ 或 $(110010)_B$，八进制数表示为 $(175)_8$ 或 $(175)_O$，十进制数表示为 $(1234)_{10}$ 或 $(1234)_D$，十六进制数表示为 $(1C2A0)_{16}$ 或 $(1C2A0)_H$。

常用进位计数制的对应关系如表 2-1 所示。

表 2-1　常用进位计数制的对应关系

十进制	二进制（B）	十六进制（H）	十进制	二进制（B）	十六进制（H）
0	0000	0	8	1000	8
1	0001	1	9	1001	9
2	0010	2	10	1010	A
3	0011	3	11	1011	B
4	0100	4	12	1100	C
5	0101	5	13	1101	D
6	0110	6	14	1110	E
7	0111	7	15	1111	F

2.1.3 各种数制之间的转换

用二进制数表示数据，字符串很长，读和写均不方便。因此常用八进制数或十六进制数来表示二进制数。人们熟悉十进制数，计算机认识二进制数，二进制数又常采用十六进制数来表示，因此需要了解十进制数与非十进制数之间的相互转换。

1．非十进制数转换为十进制数

将任意非十进制数转换为十进制数，转换方法为按权展开求和，即首先将非十进制数写成按位权展开的多项式之和的形式，然后以十进制数的运算规则求和。

【例 2.1】将二进制数 1100101.01B 转换为十进制数。

$$1100101.01B = 1 \times 2^{+6} + 1 \times 2^{+5} + 1 \times 2^{+2} + 1 \times 2^{0} + 1 \times 2^{-2} = 64 + 32 + 4 + 1 + 0.25 = 101.25$$

【例 2.2】将十六进制数 2FE.8H 转换为十进制数。

$$2FE.8H = 2 \times 16^{+2} + F \times 16^{+1} + E \times 16^{0} + 8 \times 16^{-1} = 512 + 240 + 14 + 0.5 = 766.5$$

2．十进制数转换为非十进制数

将十进制数转换为非十进制数，对整数部分和小数部分先分别转换，再拼接起来即可。

（1）整数部分转换，采用除基数取余法。将十进制整数不断除以 r 取余数，直到商为 0。将所得余数按逆序读取，即首次取得的余数在个位上。

【例 2.3】将十进制数 215 分别转换为二进制数和十六进制数。

将 215 转换为二进制数时采用除 2 取余法，转换为十六进制数时采用除 16 取余法。十进制数转换为非十进制数的过程示例如图 2-1 所示。

换算结果：215 = 11010111B = D7H

图 2-1　十进制数转换为非十进制数的过程示例

（2）小数部分转换，采用乘基数取整法。将十进制小数不断乘以 r 取整，直到小数部分为 0 或达到所求的精度为止（小数部分可能永远不会得到 0）。将每次所取的整数按顺序读取，即首次取得的整数为小数点后的第 1 个数。

【例 2.4】将十进制数 226.125 转换为二进制数。

对整数部分的转换采用除 2 取余法；对小数部分的转换采用乘 2 取整法。十进制数转换为二进制数的过程示例如图 2-2 所示。

换算结果：226.125 = 11100010.001B

图 2-2　十进制数转换为二进制数的过程示例

3．非十进制数之间的相互转换

由于二进制、八进制、十六进制之间存在特殊关系：$8^1=2^3$，$16^1=2^4$，即 1 位八进制数相当于 3 位二进制数，1 位十六进制数相当于 4 位二进制数，因此根据这种对应关系，当将二进制数转换为八进制数时，以小数点为中心向左右两边分组，每 3 位为一组，两头不足 3 位补 0 即可。同样，将二进制数转换为十六进制数时需要每 4 位为一组。将八（十六）进制数转换为二进制数时只需要一位化三（四）位即可。

【例 2.5】将二进制数 1101101011011.0011100101B 转换为十六进制数。

将给定的二进制数以小数点为中心向左右两边每 4 位一组，分组转换。

0001 1011 0101 1011.0011 1001 0100

1　B　5　B ． 3　9　4

换算结果：1101101011011.0011100101B = 1B5B.394H

【例 2.6】将十六进制数 89FCD.AB2H 转换为二进制数。

将每一位十六进制数转换为 4 位二进制数：

8　9　F　C　D ． A　B　2　H

1000　1001　1111　1100　1101　1010　1011　0010

换算结果：89FCD.AB2H = 10001001111111001101.10101011001B

注意：整数前的高位 0 和小数后的低位 0 可取消不写。

2.2　数值编码与计算

2.2.1　二进制数的运算

1．二进制数的算术运算

二进制数的算术运算与十进制数的算术运算一样，也包括加、减、乘、除四则运算，不同的是逢二进一，借一当二。

（1）二进制加法。运算规则如下：

$0+0=0$，$0+1=1$，$1+0=1$，$1+1=0$（进位为 1）

（2）二进制减法。运算规则如下：

$$0-0=0,\ 1-0=1,\ 1-1=0,\ 0-1=1（有借位，借一当二）$$

（3）二进制乘法。运算规则如下：

$$0\times0=0,\ 0\times1=0,\ 1\times0=0,\ 1\times1=1$$

（4）二进制除法。运算规则如下：

$$0\div1=0,\ 1\div1=1,\ 0\div0\text{和}1\div0\text{均无意义}$$

2．二进制数的逻辑运算

二进制数的 1 与 0 在逻辑上可代表真与假，并可利用逻辑代数的规则进行各种逻辑判断。所以计算机不仅可以存储数值数据进行算术运算，还能够存储逻辑数据进行逻辑运算。

二进制数的逻辑运算包括逻辑非、逻辑与、逻辑或、逻辑异或等，逻辑运算的基本特点是按位操作，即根据两个操作数对应位的情况确定本位的输出，而与其他相邻位无关。

（1）逻辑非运算，也称逻辑反运算，运算符为"‾"，运算规则如下：

$$\overline{0}=1,\ \overline{1}=0\quad\text{即"见 0 为 1，见 1 为 0"}$$

（2）逻辑与运算，也称逻辑乘运算，运算符为"×"或"∧"，运算规则如下：

$$0\wedge0=0,\ 0\wedge1=0,\ 1\wedge0=0,\ 1\wedge1=1\quad\text{即"见 0 为 0，全 1 为 1"}$$

（3）逻辑或运算，也称逻辑加运算，运算符为"+"或"∨"，运算规则如下：

$$0\vee0=0,\ 0\vee1=1,\ 1\vee0=1,\ 1\vee1=1\quad\text{即"见 1 为 1，全 0 为 0"}$$

【例 2.7】求 8 位二进制数$(10100110)_2$和$(11100011)_2$的逻辑与和逻辑或。

逻辑运算只能按位操作，其竖式运算过程如图 2-3 所示。

```
    10100110              10100110
∧   11100011          ∨   11100011
-----------           -----------
    10100010              11100111
```

图 2-3　竖式运算过程

运算结果：　$(10100110)_2\wedge(11100011)_2=(10100010)_2$

$(10100110)_2\vee(11100011)_2=(11100111)_2$

（4）逻辑异或运算。运算符为"⊕"，运算规则如下：

$$0\oplus0=0,\ 0\oplus1=1,\ 1\oplus0=1,\ 1\oplus1=0\quad\text{即"相同为 0，不同为 1"}$$

【例 2.8】A=10010101，B=00001111，计算$\overline{A}$、$\overline{B}$和$A\oplus B$。

$A\oplus B$的竖式运算过程如图 2-4 所示。

```
    10010101
⊕   00001111
-----------
    10011010
```

图 2-4　$A\oplus B$的竖式运算过程

运算结果：　$\overline{A}=01101010$，$\overline{B}=11110000$，$A\oplus B=10011010$

2.2.2　数值在计算机中的表示

计算机中的数值基本分为整数和浮点数（实数）两类。

1. 整数在计算机中的表示

数据在计算机中以二进制数形式存储，每个数据占据内存的字节整数倍。例如，整数占 2 个字节或 4 个字节，浮点数占 4 个字节或 8 个字节。那么正负数在计算机中是如何表示的呢？

（1）机器数。

数据在计算机中的表示形式称为机器数。机器数所表示的数值大小称为这个机器数的真值。在计算机中，用机器数的最高位表示数的符号，称为数符，并且规定数符位用"0"表示正数，用"1"表示负数。

【例 2.9】以 8 位二进制数为例，写出-5 在计算机中的机器数。

-5 在计算机中的机器数如图 2-5 所示。其中-0000101 为这个机器数的真值。

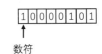

图 2-5　-5 在计算机中的机器数

注意：机器数所表示的数，其数值范围受计算机字长的限制。若字长为 16 位（2 个字节），则无符号整数的最大值是$(1111111111111111)_2 = (65535)_{10}$，有符号整数的最大值是$(0111111111111111)_2 = (32767)_{10}$，运算时如果数据的值超过其所能表示的数值范围，运算就会出错，这种错误称为"溢出"。

为了简单起见，这里仅以 8 位字长（1 个字节）为例。

（2）原码。

整数 X 的原码表示方法：数符位用"0"表示正数，用"1"表示负数，其余部分是数值的绝对值的二进制数形式。通常用$[X]_原$表示 X 的原码。

例如：$[+1]_原 = [+0000001]_原 = 00000001$　　　$[-1]_原 = [-0000001]_原 = 10000001$

　　　　$[+127]_原 = [+1111111]_原 = 01111111$　　　$[-127]_原 = [-1111111]_原 = 11111111$

　　　　$[+0]_原 = [+0000000]_原 = 00000000$　　　$[-0]_原 = [-0000000]_原 = 10000000$

由此可知，8 位原码表示中 0 有正零和负零两种形式，其表示的最大值为 2^7-1，即 127，最小值为-127，表示数的范围为-127~+127。

（3）反码。

整数 X 的反码表示方法：对于正数，与原码相同；对于负数，数符位为 1，其余部分由数值的绝对值按位取反得到。通常用$[X]_反$表示 X 的反码。

例如：$[+1]_反 = [+0000001]_反 = 00000001$　　　$[-1]_反 = [-0000001]_反 = 11111110$

　　　　$[+127]_反 = [+1111111]_反 = 01111111$　　　$[-127]_反 = [-1111111]_反 = 10000000$

　　　　$[+0]_反 = [+0000000]_反 = 00000000$　　　$[-0]_反 = [-0000000]_反 = 11111111$

由此可知，8 位反码表示中 0 也有两种表示形式，其表示的最大值、最小值和表示数的范围与原码相同。

（4）补码。

整数 X 的补码表示方法：对于正数，与原码相同；对于负数，数符位为 1，其余部分由数值的绝对值按位取反，末位加 1 得到，即反码加 1。通常用$[X]_补$表示 X 的补码。

例如：$[+1]_补 = [+0000001]_补 = 00000001$　　　$[-1]_补 = [-0000001]_补 = 11111111$

　　　$[+127]_补 = [+1111111]_补 = 01111111$　　　$[-127]_补 = [-1111111]_补 = 10000001$

　　　$[+0]_补 = [+0000000]_补 = 00000000$　　　$[-0]_补 = [-0000000]_补 = 00000000$

由此可知，在补码表示中，0 仅有唯一的编码，因而可以用多出来的一个编码"10000000"来扩展补码所能表示的数值范围，即将负数最小值从-127 扩大到-128。

在计算机中，实际上使用补码对数值进行编码。

【例 2.10】已知 $x=38$，$y=20$，计算 $x-y$。

$x-y$ 运算可以写成 $x+(-y)$，计算机采用的是补码运算，因此两数的补码分别是$[x]_补 = 00100110$ 和$[-y]_补 = 11101100$，$[x]_补 + [-y]_补 = 00010010$（进位 1 舍去）。由于结果的数符位为 0，表示是正数的补码形式，所以十进制数结果是 18。

【例 2.11】已知 $x=20$，$y=38$，计算 $x-y$。

$x-y=x+(-y)$，$[x]_补 = 00010100$，$[-y]_补 = 11011010$，$[x]_补 + [-y]_补 = 11101110$。由于结果的数符位为 1，表示是负数的补码形式，所以其真值需要再一次求补，即再一次各位取反后末位加 1，得其原码为 10010010，十进制数结果是-18。

2. 浮点数在计算机中的表示

解决了数的符号表示和计算问题，那么小数点在计算机中又是如何表示的呢？

小数点位置

图 2-6　定点数的表示

在计算机中小数点是不占位置的，因此需要规定小数点所在的位置。

（1）定点数。定点数的表示如图 2-6 所示，规定小数点位置在数符位、有效数值部分之间。定点数表示的小数是纯小数，即所有数绝对值均小于 1。

（2）浮点数。在实际应用中，有时需要表示特大或特小的数，这时定点数表示的数值范围是不够用的，解决的方法是采用浮点数（或称"指数形式"）表示。

在数学中，一个十进制实数可以用指数形式表示为 $N= \pm d \times 10^{\pm p}$。其中，$d$ 为尾数，即数值的有效数字，前面的"±"表示数符；p 为阶码，前面的"±"表示阶符。例如，$1233.14 = 123.314 \times 10^{+1} = 12.3314 \times 10^{+2} = 1.23314 \times 10^{+3} = 12331.4 \times 10^{-1} = \cdots\cdots$。

同样，任意二进制浮点数的表示形式为 $N=\pm d \times 2^{\pm p}$。例如，$110.011B = 0.110011B \times 2^{+3} = 1.10011B \times 2^{+2} = 11001.1B \times 2^{-2} = \cdots\cdots$。

为了唯一地表示浮点数在计算机中的存储，IEEE 在 1985 年制定了 IEEE 754 标准，要求数字格式由三部分组成，即符号（数符）、指数（包含阶符的阶码）、有效数字（尾数），并准确地定义了单精度和双精度浮点数格式。

① 单精度浮点数（4 个字节）：共 32 位，其中符号占 1 位，指数占 8 位，指数值=阶码的真值+偏移量（127），尾数占 23 位，采用隐含尾数最高位 1 的表示方法。

② 双精度浮点数（8 个字节）：共 64 位，其中符号占 1 位，指数占 11 位，指数值=阶

码的真值+偏移量（1023），尾数占 52 位，同样采用隐含尾数最高位 1 的表示方法。

【例 2.12】写出十进制数 26.0 用单精度浮点数在计算机中的表示。

对 26.0 进行规格化处理：$26.0=(11010.0)_B=(+1.10100)_B×2^{+4}$，指数= 4+127=131 = $(10000011)_B$，则 26.0 作为单精度浮点数的存储示例如图 2-7 所示。

符号（1 位）	指数（8 位）	尾数（23 位）
0	10000011	10100000000000000000000

图 2-7　26.0 作为单精度浮点数的存储示例

【例 2.13】写出浮点数 11000001110010010000000000000000 代表的十进制数。

该浮点数一共 32 位，按 1 位、8 位、23 位分拆出符号、指数、尾数，分拆存储示例如图 2-8 所示。

符号（1 位）	指数（8 位）	尾数（23 位）
1	10000011	10010010000000000000000

图 2-8　浮点数 11000001110010010000000000000000 分拆存储示例

计算阶码的真值：$(10000011)_B-(01111111)_B = (100)_B = (4)_D$（减去偏移量 127）

有效数字规格化的二进制数形式：$(1.1001001)_B ×2^{+4}$　　　（舍去小数点后面的 0）

写成非规格化的二进制数形式：$(11001.001)_B$

转换成十进制数，再加上符号，结果为-25.125

2.3　字符编码

由于计算机中的数据都是以二进制数形式存储和处理的，因此字符也必须按特定的规则进行二进制编码。这里仅介绍西文字符和汉字字符。

2.3.1　西文字符编码

西文字符常用 ASCII 码（American Standard Code for Information Interchange，美国信息交换标准代码）。ASCII 码是美国国家标准委员会制定的一种包括数字、字母、通用符号、控制符号在内的字符编码集，7 位 ASCII 代码表如表 2-2 所示。在 ASCII 代码表中包含的字符类型有控制符号 34 个，数字 0～9 共 10 个，大、小写英文字母 52 个，通用符号 32 个。每个字符用 7 位二进制码表示，其排列次序为 $b_6b_5b_4b_3b_2b_1b_0$，b_6 为高位，b_0 为低位。

表 2-2　7 位 ASCII 代码表

$b_3b_2b_1b_0$	$b_6b_5b_4$							
	000 (0)	001 (1)	010 (2)	011 (3)	100 (4)	101 (5)	110 (6)	111 (7)
0000　(0)	NUL	DLE	SP	0	@	P	、	p

27

b₃b₂b₁b₀	b₆b₅b₄							
$b_3b_2b_1b_0$	000 (0)	001 (1)	010 (2)	011 (3)	100 (4)	101 (5)	110 (6)	111 (7)
0001　(1)	SOH	DC1	!	1	A	Q	a	q
0010　(2)	STX	DC2	"	2	B	R	b	r
0011　(3)	ETX	DC3	#	3	C	S	c	s
0100　(4)	EOT	DC4	$	4	D	T	d	t
0101　(5)	ENQ	NAK	%	5	E	U	e	u
0110　(6)	ACK	SYN	&	6	F	V	f	v
0111　(7)	BEL	ETB	'	7	G	W	g	w
1000　(8)	BS	CAN	(	8	H	X	h	x
1001　(9)	HT	EM	)	9	I	Y	i	y
1010　(A)	LF	SUB	*	:	J	Z	j	z
1011　(B)	VT	ESC	+	;	K	[	k	{
1100　(C)	FF	FS	,	<	L	\	l	|
1101　(D)	CR	GS	-	=	M	]	m	}
1110　(E)	SO	RS	.	>	N	^	n	~
1111　(F)	SI	US	/	?	O	_	o	DEL

在这些字符中，0~9、A~Z、a~z 都是顺序排列的，且小写比大写字母编码值大 32，这样有利于大、小写字母之间的编码转换。例如：字符 a 的编码值为 1100001，对应的十进制数为 97；字符 A 的编码值为 1000001，对应的十进制数为 65；字符 0 的编码值为 0110000，对应的十进制数为 48。根据这些规律，在计算机程序中，大、小写字母的转换方式为：小写字母=大写字母+32，大写字母=小写字母-32；字符数据转换成数值数据的方式为：数值数据=字符数据-48。记住这些使用方式在编写计算机程序时很有用。

2.3.2　汉字字符编码

每个国家使用计算机都要处理本国语言。计算机处理汉字的基本方法如下。
① 将汉字以输入码形式输入计算机。
② 将外码转换成计算机能识别的汉字机内码进行存储和处理。
③ 当输出显示时，将汉字机内码转换成字形码，以点阵或矢量形式输出。
汉字的输入、处理、输出过程，实际上是汉字的各种代码之间的转换过程。

1. 汉字输入码

汉字输入码是用来输入汉字到计算机中的一组键盘符号。目前，常用的汉字输入码主要如下。
① 音码类。以汉字拼音为基础的编码方案，如全拼、简拼、微软拼音、搜狗拼音等。
② 形码类。以汉字字形为依据进行的编码方案，如五笔字形码、表形码等。
③ 音形码类。同时考虑汉字读音和字形进行的编码方案，如自然码等。
每个人可根据自己的需要进行选择。

2．汉字机内码

（1）国标码。1980 年我国颁布了《信息交换用汉字编码字符集——基本集》，即国家标准 GB2312—1980。这个字符集是我国中文信息处理技术的发展基础，也是国内所有汉字系统的统一标准。它收集了各类符号和 6763 个两级汉字。一级 3755 个常用汉字，按拼音字母顺序排列；二级 3008 个次常用汉字，按部首顺序排列。在这个国标码中，为每个汉字确定了二进制码。

（2）区位码。区位码是国标码的另一种形式，每个国标码或区位码都对应着一个唯一的汉字或符号。国标码是一个 4 位十六进制数，区位码是一个 4 位十进制数，区位码的前 2 位称为区码，后 2 位称为位码，代表了字库表中的区（行）和位（列）。

国标码和区位码最大的特点是没有重码，缺少规律很难记忆，常用于一些特殊的地方。

（3）汉字机内码。汉字机内码（机器内部编码）是指汉字被计算机系统内部处理和存储而使用的编码，由区位码或国标码变换之后得到。

汉字机内码、区位码、国标码三者之间的关系如下。

$$国标码 = 区位码+2020H$$

$$汉字机内码 = 国标码+8080H = 区位码+A0A0H$$

3．汉字字形码

汉字字形码也称为汉字的输出码或汉字字模，用于汉字在显示屏或打印机输出。汉字字形码有 2 种方式：点阵和矢量，都是用图形方式输出汉字的。

（1）点阵。

用点阵表示字形，类似于生活中的十字绣。无论汉字的笔画多少，每个汉字都写在同样大小的方格中。有笔画的位置用黑点表示，无笔画的位置用白点表示。在计算机中用一组二进制数表示点阵，用 0 表示白点，用 1 表示黑点。最后形成的汉字字形点阵代码就是这个汉字的字形码。汉字"大"的 16×16 点阵及代码如图 2-9 所示。

行	二进制码		十六进制码
0	0000 0011	0000 0000	0300
1	0000 0011	0000 0000	0300
2	0000 0011	0000 0000	0300
3	0000 0011	0000 0100	0304
4	1111 1111	1111 1110	FFFE
5	0000 0011	0000 0000	0300
6	0000 0011	0000 0000	0300
7	0000 0011	0000 0000	0300
8	0000 0011	0000 0000	0300
9	0000 0011	1000 0000	0380
10	0000 0110	0100 0000	0640
11	0000 1100	0010 0000	0C20
12	0001 1000	0011 0000	1830
13	0001 0000	0001 1000	1018
14	0010 0000	0000 1100	200C
15	1100 0000	0000 0111	C007

图 2-9　汉字"大"的 16×16 点阵及代码

一般的汉字系统中汉字字形点阵有 16×16、24×24、48×48 三种，点阵越大汉字越逼真，显示和打印质量越好。但是这种点阵不适合机内存储，以 16×16 点阵为例，每个汉字就要占用 32 个字节，两级汉字大约占用 256KB。汉字库是按国标码的顺序排列，把每个汉字的点阵代码以二进制文件形式存储在存储器中，按照不同的字体（宋体、楷体、黑体等）字模，构成的汉字字模库。计算机在显示器上输出汉字时，先找到显示字库的首地址，再根据汉字机内码找到字形码，接着根据字形码通过字符发生器的控制在屏幕上扫描，0 的地方不显示，1 的地方显示亮点，这样就显示出字符。打印的原理相同。

（2）矢量。

矢量表示方式是指根据几何特性用数学矢量来绘制图形，存储的是描述汉字字形的轮廓特征。当要输出汉字时，通过计算机的计算，用汉字字形描述生成所需大小和形状的汉字。

点阵和矢量方式的区别在于前者的编码和存储方式简单，无须转换直接输出，但字形放大后产生的效果差；矢量方式特点正好与前者相反。

2.3.3 其他常用字符编码

1．Unicode 字符集编码

Unicode（Universal Multiple-Octet Coded Character Set，通用多八位编码字符集）又称统一码或万国码，是国际组织制定的可以容纳世界上所有文字和符号的一种字符编码方案，它为每种语言中的每个字符设定了统一且唯一的二进制编码，满足了互联网时代需要跨语言、跨平台进行文本转换、处理的要求，还与 ASCII 码兼容。

（1）Unicode 编码方式。

Unicode 的编码方式是使用 2 个字节，即每个字符都占用等长的 2 个字节，处理方便。在使用 ASCII 字符时，高位字节的 8 位始终为"0"，如字符"A"的 ASCII 码是 01000001，而它的 Unicode 码是 00000000 01000001，这在一定程度上造成了空间的浪费。

（2）Unicode 实现方式。

Unicode 的实现方式又称为 Unicode 转换格式（Unicode Transformation Format，UTF）。一个字符的 Unicode 码是确定的，但在实际传输过程中，由于不同系统平台的设计不一定一致，以及出于节省空间的目的，对 Unicode 的实现方式有所不同，UTF-8、UTF-16、UTF-32 都是将数字转换到程序数据的不同的编码实现方式。

UTF-8 使用可变长度字节来存储 Unicode 字符，如 ASCII 字符用 1 个字节，希腊字母等符号用 2 个字节，常用汉字用 3 个字节，这种方式的最大好处是保留了 ASCII 字符的编码，使得原来处理 ASCII 字符的软件无须修改或只需要做少部分修改即可继续使用。UTF-16 和 UTF-32 分别是 Unicode 的 16 位和 32 位编码方式。

2．BIG5 字符集编码

BIG5 又称大五码，是我国台湾、香港、澳门等地区普遍使用的一种繁体汉字的编码标准，共收录 13060 个汉字。

其实，世界上存在着多种编码方式，同一个二进制数字可以被解释成不同的符号。因此，打开一个文本文件，如果用错误的编码方式解读，就会出现乱码；当收到的电子邮件或使用的浏览器显示乱码时，说明使用的编码方式不一样，这时只需要重新选择所用的字符集编码即可。

2.4　多媒体信息编码

要让计算机能够处理图形、图像、声音、视频等多媒体信息，需要对这些信息进行数字化处理，即将它们用 0、1 编码表示出来。数字化处理的过程分为三个步骤：采样、量化、编码。

2.4.1　图形和图像编码

在计算机中，图形与图像两个概念既有区别也有联系。它们都是一幅图，但图的产生、处理、存储方式不同。图形与图像示例如图 2-10 所示。

图 2-10　图形与图像示例

图形是指由外部轮廓线条构成的矢量图，即由计算机运算而绘制的直线、圆、矩形、曲线、图表等，也称为矢量图形。图像是指由扫描仪、数字照相机、摄像机等输入设备捕捉实际的画面以数字形式存储的信息，是由许多像小方块一样的像素点构成的位图，也称为位图图像。图形与图像的比较如表 2-3 所示。

表 2-3　图形与图像的比较

	图形	图像
构成	矢量图形	位图图像
存储方式	画图函数	每个像素点的位置、颜色、灰度信息
数字化处理	不需要	需要
特征	可展示清楚线条或文字	能较好表现色彩浓度与层次
用途	文字、商标等相对规则的图形	照片或复杂图像
缩放结果	不易失真	易失真
制作 3D 影像	可以	不可以
文件大小	较小	较大
常用的文件格式	EPS、DXF、PS、WMF、SWF	BMP、PSD、TIFF、GIF、JPEG

从表 2-3 中可以看出，图形不需要进行数字化处理，使用 Illustrator、CorelDraw、

AutoCAD 等绘图软件编辑保存的都是图形文件格式。而图像需要进行数字化处理，图像的数字化处理过程就是让一幅真实的图像转变为计算机能接收的数字形式，这涉及图像的采样、量化和编码。

（1）采样。图像的采样就是对二维空间上连续的图像在水平、垂直方向上进行等间距的分割，分割结果为矩形网状结构，其中的微小方格称为像素点。采样的实质就是用多个像素点来描述一幅图像，称为图像的分辨率，用"列数×行数"表示，分辨率为 640 像素×480 像素的采样示意图如图 2-11 所示。分辨率越高，图像越清晰，但存储量越大。

图 2-11　分辨率为 640 像素×480 像素的采样示意图

扫描仪和数码相机都是采样设备，扫描仪将报纸、杂志、照片等素材数字化，利用数码相机直接拍照获得数字化图像。

（2）量化。图像的量化是指要使用多大范围的数值来表示图像采样之后的每一个点。量化的结果是图像能够容纳的颜色总数，它反映了采样的质量。例如，黑白图以 1 位存储一个点，图像颜色只有黑、白两种颜色，这个颜色个数 2 被称为量化级数；灰度图以 8 位存储一个点，则有 2^8=256 种通过调整黑白两色程度的灰度颜色；RGB 图（24 位真彩色图）以 24 位存储一个点，构成由红、绿、蓝三原色通过不同的强度混合而成的 2^{24}=16777216 种真彩色图像。

（3）编码。图像的编码是指将图像采样和量化后的数字数据转换成二进制数码 0 和 1。图像数字化过程示例如图 2-12 所示。

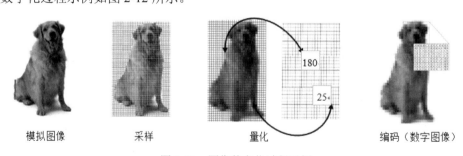

模拟图像　　　　采样　　　　　量化　　　　编码（数字图像）

图 2-12　图像数字化过程示例

图像的分辨率和像素位的颜色深度决定了图像文件的大小。计算公式为：

图像大小(字节数)=列数×行数×颜色深度÷8

例如，要表示一个分辨率为 1024 像素×768 像素（宽×高）的 24 位真彩色图像，则图像的大小为：1024×768×24÷8=2359296B = 2.25MB。由此可见，数字化后的图像数据量十分巨大。

2.4.2　声音信号编码和视频信号

1．声音信号编码

声音是由物体振动产生的一种波，当振动波传到人耳时，人便听到了声音。现实世界中的声音是由许多连续的具有不同振幅和频率的正弦波组成的，可用模拟波形表示，如图 2-13 所示。其中，振幅 A 是波形相对基线的最大位移，表示音量的大小；周期 T 是指波峰或波谷重复出现的时间间隔；频率是指信号每秒变化的次数，即 $1/T$，以赫兹（Hz）为单位。

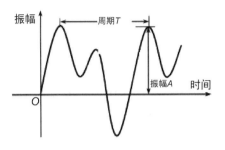

图 2-13　声音的模拟波形示意图

声音信号的数字化处理实际上就是把模拟信号转换为数字信号，这涉及声音的采样、量化和编码。声音信号的数字化过程如图 2-14 所示。

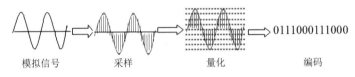

图 2-14　声音信号的数字化过程

（1）采样。声音的采样是指每隔一定时间间隔在模拟波形上取一个幅度值。采样频率是每秒的采样次数。当对同一段声音进行采样时，间隔时间越短，采样的次数就越多，即采样频率越高，这样获得的音频就越接近原始声音的真实面貌，数据化音频的质量就越高，但数据量也越大。

人耳听觉的声音频率范围是 20Hz～20kHz，奈奎斯特采样定理指出，采样频率不应低于声音信号最高频率的 2 倍。当采样频率达到 40kHz 以上时，人耳听觉认为数字音频已达到保真程度。因此，在实际采样中，用 44.1kHz 作为高质量声音的采样标准。

（2）量化。声音的量化就是将每个采样点得到的幅度值以数字存储。描述每个采样点幅度值的二进制位数称为量化位数或采样精度，常用的量化位数有 8 位、16 位、32 位等。如 8 位量化位数表示每个采样值可以用 $2^8=256$ 个不同的量化值之一来表示。

在相同的采样频率下，量化位数越大，则采样精度越高，声音的质量越好，数据量相应越大。每次对 1 个通道声波进行采样和量化称为单声道，每次对 2 个通道声波进行采样和量化称为双声道，随着声道数的增加，数据量成倍增加。

每秒存储声音容量的公式为：

每秒声音数据量(字节数)=采样频率(Hz)×采样精度(bit)×声道数÷8

例如，用 44.1kHz 的采样频率进行采样，量化位数选用 16 位，录制 1 秒的立体声(双声道)节目，其波形文件所需的存储量为：44100×16×2÷8=176400B≈ 172.3 KB。

（3）编码。声音的编码就是将声音采样和量化后的数字数据以一定的格式记录下来。编码的方式很多，针对不同的存储格式，对应多种音频文件的类型，如 WAV 波形、MIDI、MP3、VOC、VOX、PCM、AIFF、MOD 和 CD 唱片等数字音频文件。

2．视频信号

视频是连续的图像序列，由连续的帧构成，一帧即一幅图像。由于人眼的视觉暂留效应，当帧序列以一定的速率播放时，人眼看到的就是动作连续的视频。

数字化的视频信号数据量大得惊人。例如，一个可播放 60 分钟（按每秒 25 帧）、分辨率达到 1280 像素×720 像素的 24 位真彩色的视频，仅存储视频的数据量为：$1280×720×24×25×3600≈232GB$。一般情况下视频都有声音，加上声音信息后的视频数据量会更大。

在应用时，视频文件分成影像文件和流式视频文件两类。

（1）影像文件。影像文件不仅包含大量图像信息，还包含大量音频信息。所以，影像文件一般可达几兆字节至几十兆字节，甚至更大。常见的影像文件格式有 AVI 格式、MOV 格式等。

（2）流式视频文件。流式视频文件是随着国际互联网的发展而诞生的，流式视频采用一种"边传边播"的方法，即先从服务器上下载一部分视频文件，形成视频流缓冲区后实时播放，同时继续下载，为接下来的播放做准备。常见的流式视频格式有 RM 格式、MOV 格式和 WMV 格式等。

2.4.3　多媒体数据的压缩

从多媒体信息的编码和存储方式可以看出，图像、声音、视频等多媒体信息的数据量大是基本特性，如上述的立体声声音信息，1 秒的存储量为 172.3 KB，一张容量为 650MB 的 CD-ROM 只能存储约 1 小时的声音。如此巨大的多媒体信息数据量对计算机存储资源和网络传输带宽有很高的要求，解决的办法就是要对这些数据进行压缩，使用时再进行解压缩。

1．多媒体数据压缩的可能性

多媒体数据可以被压缩的主要原因是数据之间存在冗余和相关性。例如，在一幅有规则背景颜色的图像中，相同颜色区域内相邻区间各像素点数据是相同的，这样大量的重复像素数据形成了空间冗余；在视频中，前后两帧图像之间有较大的相关性，这形成了时间冗余；受人类生理特征限制，人类对图像和声音信号的一些细微变化是不敏感的，这形成了视觉冗余和听觉冗余，等等。基于这些，多媒体数据存在压缩的可能性。

压缩实际上是对信息再一次的编码过程，即去掉信息中确定的或可推知的冗余信息，保留不确定的信息，尽可能减少信息量。

2．无损压缩和有损压缩

随着压缩技术的发展，逐渐产生了多种压缩方法并形成了数据压缩标准。按还原（解压缩）后数据与原始数据是否完全一致分为无损压缩和有损压缩。

无损压缩利用数据流中各种数据重复出现的次数进行概率统计编码，使得数据流经压缩后形成的代码流总位数大大减少。常用的无损压缩编码有香农-范诺编码、哈夫曼编码等。典型的无损压缩工具软件有 WinZip、WinRAR 等。无损压缩能确保解压缩后的数据不失真，但压缩比为 2:1～5:1，一般用于文本数据、程序及计算机绘制的色彩不太丰富图像的压缩。

有损压缩去除不敏感的数据信息，从而换取较高的压缩比。常用的有损压缩编码有预测编码、模型编码等。有损压缩丢失的信息不可恢复，但压缩比可以达到几十到几百，一般用于图像、视频、音频的压缩。

在工业应用领域还有 JPEG 静态图像压缩标准和 MPEG 运动图像压缩标准。

2.5　数据库技术基础

信息化时代的计算机不仅应用于科学计算、文字和多媒体数据处理，还要管理大量结构性数据和非结构性数据。数据库技术是数据管理的技术，自 20 世纪 60 年代中期诞生以来已有 50 多年的历史，数据库技术也已经发生了翻天覆地的变化。最初，人们使用分层数据库（树状模型，仅支持一对多关系）和网络数据库（图形模型，更加灵活，支持多种关系）来存储和操作数据；20 世纪 80 年代，关系数据库开始兴起；20 世纪 90 年代，面向对象数据库开始成为主流；最近随着互联网的快速发展，为了更快速地处理非结构性数据，NoSQL 数据库应运而生。

2.5.1　常用术语

1．数据库

数据库（DataBase，DB）是以数据形式存储在计算机系统上的信息集合。数据库中的数据按一定的数学模型组织、描述和存储，具有较小的冗余、较高的数据独立性和易扩展性，并可被各种用户共享。

2．数据库管理系统

数据库管理系统（DataBase Management System，DBMS）是指对数据库进行统一管理和控制的软件系统，是数据库系统的核心部分。DBMS 是数据库与用户或程序之间的接口，用户或程序只需发出操作指令，对数据的增、删、改、查和各种控制都是由 DBMS 完成的。

目前常用的 DBMS 有 Access、SQL Server、MySQL、Oracle、MongoDB、HBase、Redis 等。

3．应用程序

应用程序是指利用各种开发工具开发的、满足特定应用环境需求的数据库应用程序。

4．数据库系统相关人员

数据库系统相关人员是指存储、维护和检索数据库中数据的人员，可分为以下 3 类。

（1）数据库管理员（DBA）。全面负责 DBMS 的管理、维护，保证 DBMS 正常使用的专业人员，可以直接使用 DBMS 的所有功能。

（2）应用程序开发人员。用某种开发工具设计和编写数据库应用程序的专业人员，可以使用数据库管理员授权的 DBMS 的所有功能。

（3）最终用户。一般为通过数据库应用程序使用数据库的人员。

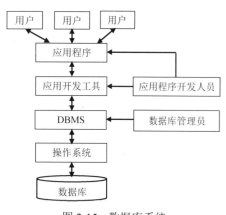

图 2-15　数据库系统

5．数据库系统

数据库系统（DataBase System，DBS）是由硬件、软件、数据库和数据库系统相关人员构成的人机系统，如图 2-15 所示。其中，硬件是指存储数据库和运行 DBMS 的所有硬件资源；软件是指 DBMS、操作系统、高级语言处理程序等系统软件，以及应用开发工具软件和特定应用软件。

6．C/S 架构与 B/S 架构

C/S 架构的全称为 Client/Server 架构（客户机/服务器模式），B/S 架构的全称为 Browser/Server 架构（浏览器/服务器模式），这是两种常见的软件架构。C/S 架构与 B/S 架构的比较如表 2-4 所示。

表 2-4　C/S 架构与 B/S 架构的比较

	C/S 架构	B/S 架构
硬件环境要求	用户处于相同区域中，并且要求拥有相同的操作系统，如果操作系统不同还要开发相应的不同版本	只要有操作系统和浏览器即可，与操作系统平台无关（可以实现跨平台）
软件安装	每台客户机都必须安装和配置客户端程序	程序部署在 Web 服务器上，客户机不用安装专门软件，只要有浏览器即可
软件升级和维护	每台客户机都要升级客户端程序	客户机不必安装和维护软件
安全性	用户群固定，可对权限进行多层次校验，安全性高	面向不可知用户群，对安全的控制能力较弱
应用举例	QQ、银行业务	各大门户网站

C/S 架构如图 2-16 所示，常用于局域网，客户端程序包含一个或多个在用户的计算机上运行的应用程序，通过网络向数据库服务器发出数据操作请求，数据库服务器给出响应。

B/S 架构如图 2-17 所示，这是随着网络的发展和 Web 技术的成熟而出现的，常用于广域网。用户在自己的计算机上使用 Web 浏览器向 Web 服务器提出请求，数据库服务器依然提供数据服务，在 Web 浏览器和数据库服务器之间的是 Web 服务器，由它接收用户的请求，如果需要访问数据库再与数据库服务器交互，最后将结果返回用户。这种架构也称为三层架构。

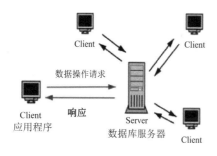

图 2-16　C/S 架构

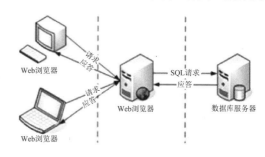

图 2-17　B/S 架构

2.5.2　关系数据库和非关系数据库

按照数据的组织结构，目前数据库分为关系数据库和非关系数据库，关系数据库和非关系数据库示例如图 2-18 所示。

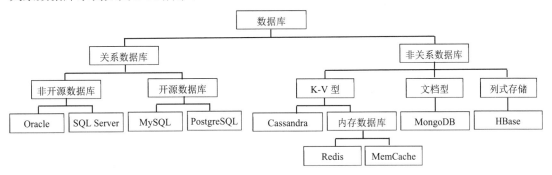

图 2-18　关系数据库和非关系数据库示例

1．关系数据库

关系数据库高度结构化，是基于关系模型的数据库管理系统（RDBMS），可使用结构化查询语言（SQL）完成数据的增、删、改、查和管理操作。

关系模型将数据组织成二维表的形式，这种二维表在数学上称为关系。一个关系模型可以由多个关系组成，一个关系对应一张二维表，表 2-5 所示的"学生表"就是一个关系。二维表中的一行称为一个记录，也被称为元组，"学生表"中共有 4 行，每一行都是一个元组。二维表中的一列称为一个属性，也被称为字段，"学生表"中有 5 个属性，它们的名称分别为学号、姓名、性别、团员、照片。二维表中的某个属性或属性集要能够唯一确定一个记录，称为关键字，"学生表"中的学号、照片（如果照片不为空）都可以是关键字。在实际应用中只能在多个关键字中选择一个关键字，被选用的关键字被称为主键，如"学生表"中可以选定学号为主键。

表 2-5　学生表

学号	姓名	性别	团员	照片
1001	王华	男	T	
1002	郭明明	男	T	
1003	王华	女	F	
1004	谢玲	女	F	

2．非关系数据库

非关系数据库高度多样化，支持多种数据结构。由于许多非关系数据库不使用 SQL，因此它们通常也被称为 NoSQL 数据库（Not only SQL，意为不仅仅是 SQL）。

非关系数据库去掉了关系数据库的关系型特性，数据之间无关系，这样就非常容易扩展，尤其在大数据量情况下，仍然具有非常高的读写性能。

非关系数据库种类繁多，很多还在研制和完善中，远远不止图 2-18 所列。

2.6 数据的表示中蕴含的计算思维

思考 1. 电子计算机内部为什么采用二进制? 既有了二进制,为什么还需要八进制和十六进制?

世界上第一台通用电子计算机 ENIAC 使用的是人们习惯的十进制,但是从第二台计算机开始至现在,计算机的内部均采用二进制进行数据的表示、存储、传输。

采用二进制编码的好处:①物理上容易实现,可靠性强。电子元器件大都具有两种稳定的状态,如电压的高和低、电容的充电和放电等,这两种状态正好可用二进制的两个数码 1 和 0 表示,同时状态分明,抗干扰能力强,工作可靠;②算术运算简单,通用性强。以乘法运算规则举例,十进制的运算规则有 55 种,而二进制的运算规则只有 3 种,即 $0 \times 0=0$,$0 \times 1=1 \times 0=0$,$1 \times 1=1$;③易于表示和进行逻辑运算。逻辑量的"假"和"真"正好与二进制的 0 和 1 吻合。

但是使用二进制也有一些缺陷,就是较大的数据用二进制表示,数据位串很长,读和写均不方便。因此,为了缩短位串,在读写时又有了八进制和十六进制。

思考 2. 数值数据的编码为什么采用补码?

【例 2.14】计算 $(-5)+4$。

用机器数进行数值计算的过程如图 2-19 所示,运算的十进制数结果为-9,很显然,这是一个错误的结果,错误的原因是没有考虑数符位的处理。若考虑数符位,则运算规则会变得复杂。

为了解决此类问题,引入了原码、反码、补码,其实质是对负数表示的不同编码。用补码进行数值计算的过程如图 2-20 所示。运算的结果为补码 11111111,因数符位为 1 是负数,其真值再次求补后,运算的十进制数结果是-1,结果正确。

```
    10000101   …………  -5 的机器数              11111011   …………  -5 的补码
  + 00000100   …………   4 的机器数            + 00000100   …………   4 的补码
  ──────────                                ──────────
    10001001   …………  运算结果为 -9           11111111   …………  运算结果为-1
```

图 2-19　用机器数进行数值计算的过程　　　图 2-20　用补码进行数值计算的过程

在计算机系统中,数值数据用补码来表示的好处:①减法也可按加法来处理,数符位和数值位一起参与运算,便于处理;②硬件设计简单,只要加法器就可实现减法,同样乘法和除法通过加法器和移位实现;③补码与原码的转换过程几乎是相同的,都可先取反再加 1,易于实现。

思考 3. 我国在计算机中对汉字的处理引入汉字机内码,为什么在国标码的基础上加 8080H?

一个国标码是个 4 位数,占 2 个字节,每个字节是 1 个 2 位数,在现有的总字库个数情况下,国标码每个字节最高位为"0";西文字符的机内码是 7 位 ASCII 码,则每个字节的最高位也为"0",这就给计算机内部处理带来了问题。为了区分两者是汉字字符还是西文字符,引入的汉字机内码在国标码的基础上把每个字节的最高位由"0"变为"1",即每个字节加 8080H。例如，"华"字的机内码为"BBAAH"，转换过程如图 2-21 所示。

"华"字国标码	00111011	00101010	3B2AH
	+10000000	+10000000	+8080H
"华"字机内码	10111011	10101010	BBAAH

图 2-21　转换过程

计算思维大大拓展了人类认识世界和解决问题的能力和范围，通过思考和实践，把理论可以实现的过程变成了实际可以实现的过程，实现了从想法到产品整个过程的自动化、精确化和可控化，实现了自然现象与人类社会行为的模拟。

习题

1．简述计算机采用二进制的原因。

2．完成下列数制的转换。

（1）$(83.125)_D$ = （　　　　）$_B$ = （　　　　）$_H$ = （　　　　）$_O$

（2）$(4E5)_H$ = （　　　　）$_B$ = （　　　　）$_O$ = （　　　　）$_D$

（3）$(1011011.101)_B$ = （　　　　）$_H$ = （　　　　）$_O$ = （　　　　）$_D$

3．完成下列二进制数的运算。

（1）10011010 + 01101110 = （　　　　　）　　　（2）11001100 − 101 = （　　　　　）

（3）11001100 × 100 = （　　　　　）　　　（4）11001100 ÷ 1000 = （　　　　　）

（5）10110110 ∧ 11010110 = （　　　　　）　　　（6）01011001 ∨ 10010110 = （　　　　　）

（7）$\overline{11001100}$ = （　　　　　）

4．写出下列真值对应的原码、反码和补码。

（1）X = −1110011B　　　　（2）X = −71D　　　　（3）X = +1001001B

5．浮点数在计算机中是如何表示的？

6．什么是 ASCII 码？查找字符 A、字符 a、字符 3、空格、回车的 ASCII 码值。

7．汉字处理为什么要使用输入码、内码和字形码？

8．简述汉字区位码、国标码和内码之间的关系。

9．简述图形和图像的区别。

10．设有一幅 16 色图像，分辨率为 400 像素×300 像素，请问计算机保存这幅图像需要多少字节？

11．简述关系数据库和非关系数据库的区别。

第 3 章
计算平台——计算机硬件系统

在当前社会中，计算机无论是在生产还是生活中，都成为不可替代的工具，其运行的正常与否影响着整个社会的发展，而计算机硬件系统作为计算机系统中一个很重要的组成部分，其正常使用不仅提高了计算机的使用性能，还保障了计算机的稳定正常运行。

3.1　计算机系统组成

一个完整的计算机系统由硬件系统和软件系统两部分组成，如图 3-1 所示。硬件系统为软件系统提供了运行的平台，软件系统使硬件系统的功能充分发挥，两者相互配合才能使计算机正常运行并发挥作用。

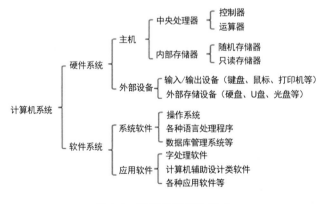

图 3-1　计算机系统的组成

3.2　计算机硬件系统

计算机作为一种高速、智能计算工具，实际上是按照事先存储的程序，自动、高速地进行大量的数值计算和各种信息处理的。

硬件系统是指客观存在的物理实体，即由电子元件和机械元件构成的各个部件。硬件是构成计算机的物质基础，是计算机系统的核心。

3.2.1　冯·诺依曼型计算机

1946 年 6 月，美国杰出的数学家冯·诺依曼（Von Neumann）及其同事完成了关于电子计算装置逻辑结构设计的研究报告，具体介绍了制造电子计算机和程序设计的新思想，为现代计算机的研制奠定了基础。迄今为止，大多数计算机采用的依然是冯·诺依曼型计算机的组织结构，只是在某些方面做了一些改动而已。因此，冯·诺依曼被人们誉为"计算机之父"。冯·诺依曼型计算机一般满足以下 3 个基本要求。

1．二进制原理

计算机通过执行程序对数据进行处理实现指定功能，这一过程中涉及的信息有两类：指令（执行的程序）和数据（指令的作用对象）。指令和数据能被计算机识别和处理的前提是必须被数字化。信息（指令和数据）被数字化的含义是用数据编码表示各种信息；用相应形式的信号来表示数据编码。电子数字计算机中的主要部件是逻辑电路，采用二进制的形式可使信息数字化容易实现，也便于采用布尔代数进行处理。在冯·诺依曼型计算机中采用二进制码的形式表示指令和数据，它们都是由 0 和 1 组成的代码序列，而且以相同的地位存储于存储器中，只是各自约定的含义不同而已。在应用计算机解决工程问题的过程中，一定要解决如何表示各种需要描述信息的问题，即信息的数字化问题。

2．程序存储原理

程序存储原理是冯·诺依曼思想的核心内容，主要是将事先编写好的程序（包括指令和数据）存入存储器中，计算机在运行程序时就能自动、连续地从存储器中依次取出指令并执行，不需要人工干预，直到程序执行结束为止。这是计算机能高速自动运行的基础。计算机的工作体现为执行程序，计算机功能的扩展在很大程度上体现为所存储程序的扩展。计算机的许多具体工作方式也是由此派生的。

3．计算机由 5 个基本部件组成

冯·诺依曼型计算机由运算器、控制器、存储器、输入设备和输出设备 5 个基本部件组成，并且 5 个基本部件由一定的数据通路连接到一起，同时规定了这 5 个部件的基本功能。

典型的冯·诺依曼型计算机是以运算器为中心的，如图 3-2 所示，其中实线为数据线，虚线为控制线和反馈线。各部件的功能如下。

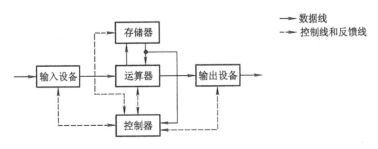

图 3-2　以运算器为中心的冯·诺依曼型计算机典型结构

① 运算器：用来完成算术运算和逻辑运算，并将运算的中间结果暂存在运算器中。

② 存储器：用来存储数据和程序。

③ 控制器：根据程序的设定来控制、指挥各部件完成数据的输入、处理数据和输出运算结果。

④ 输入设备：用来将人们熟悉的信息形式转换为计算机能识别的信息形式。

⑤ 输出设备：用来将计算机运行结果转换为人们熟悉的信息形式。

3.2.2 计算机硬件系统的组成

随着计算机技术的发展，计算机硬件系统的组织结构已发生了许多重大变化。例如，运算器和控制器已组合成一个整体，称为中央处理器（Central Processing Unit，CPU）；存储器已成为多级存储器体系，包含主存储器（简称主存）、高速缓冲存储器（简称高速缓存）和外存储器（又称辅助存储器，简称外存）三个层次。计算机硬件系统的简化结构模型如图 3-3 所示，其中包含 CPU、存储器、I/O（输入/输出）设备和 I/O 接口等部件，各部件之间通过系统总线相连接。

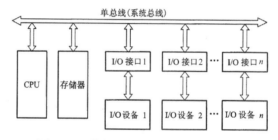

图 3-3 计算机硬件系统的简化结构模型

1．CPU

CPU 是计算机硬件系统的核心部件，主要功能是读取并执行指令，在执行指令的过程中，它向系统中的各部件发出各种控制信息，收集各部件的状态信息，并与各部件交换。

CPU 由运算部件、寄存器组和控制器组成，它们通过 CPU 内部的总线相互交换信息。运算部件完成算术运算（定点运算、浮点运算）和逻辑运算；寄存器组用来存储数据信息和控制信息；控制器提供整个系统工作所需的各种控制信号。

CPU 作为计算机系统的核心部件，其性能的高低直接影响着计算机的性能。

2．存储器

存储器用来存储信息，包括程序、数据、文档等。存储器的基本概念如下。

① 位（bit）：计算机中的最小存储单位，一个"位"能存储 1 位二进制数 0 或 1，称为 1bit。

② 字节（Byte，简称 B）：将 8 个相邻的"位"组成一组，称为一个字节（B）或一个存储单元，一个存储单元的结构如图 3-4 所示。字节为计算机度量存储容量的基本单位。

图 3-4　一个存储单元的结构

③ 存储容量：描述计算机存储能力的指标，表示存储器中所包含的存储单元的数量。通常用字节作为计量单位，即用 B 表示。

若存储容量较大，则可用 MB、GB、TB 和 PB 来表示，它们之间的换算关系如下。

$$1\,\mathrm{KB} = 2^{10}\,\mathrm{B} = 1024\mathrm{B} \qquad 1\,\mathrm{MB} = 2^{10}\,\mathrm{KB} = 1024\,\mathrm{KB}$$

$$1\,\mathrm{GB} = 2^{10}\,\mathrm{MB} = 1024\,\mathrm{MB} \qquad 1\,\mathrm{TB} = 2^{10}\,\mathrm{GB} = 1024\,\mathrm{GB}$$

$$1\,\mathrm{PB} = 2^{10}\,\mathrm{TB} = 1024\,\mathrm{TB} \qquad 1\,\mathrm{PB} = 2^{50}\,\mathrm{B} = 1024 \times 1024 \times 1024 \times 1024 \times 1024\,\mathrm{B}$$

若存储容量巨大，则可用 EB、ZB、YB 和 BB、NB、DB 来表示，它们之间的换算关系如下。

$$1\,\mathrm{EB} = 2^{10}\,\mathrm{PB} = 1024\,\mathrm{PB} \qquad 1\,\mathrm{ZB} = 2^{10}\,\mathrm{EB} = 1024\,\mathrm{EB}$$

$$1\,\mathrm{YB} = 2^{10}\,\mathrm{ZB} = 1024\,\mathrm{ZB} \qquad 1\,\mathrm{BB} = 2^{10}\,\mathrm{YB} = 1024\,\mathrm{YB}$$

$$1\,\mathrm{NB} = 2^{10}\,\mathrm{BB} = 1024\,\mathrm{BB} \qquad 1\,\mathrm{DB} = 2^{10}\,\mathrm{NB} = 1024\,\mathrm{NB}$$

存储器的存储容量越大、存取速度越快，那么系统的处理能力就越强，工作速度就越快。但是一种存储器很难同时满足大容量、高速度的要求，因此常将存储器分为主存、外存和高速缓存三层存储体系，如图 3-5 所示。

图 3-5　存储器三层存储体系

主存通常由半导体材料构成，用来存储 CPU 需要使用的程序和数据。主存的每个存储单元都有固定的地址，CPU 可以按地址直接访问它们，因此要求主存的存取速度很快。但目前因技术条件的限制，主存容量有限，一般仅为几吉字节。此外，常将 CPU 和主存合称为主机，又因主存位于主机之内，故主存又常被称为内存。

外存位于主机之外，用来存储大量的需要联机保存但 CPU 暂不使用的程序和数据。在需要时，CPU 并不直接按地址访问它们，而是按文件名将它们从外存调入主存。因此，外存的容量很大，但存取速度比主存慢，硬盘、光盘和 U 盘等都是常用的外存。

高速缓存（Cache）由高速的半导体存储器构成，是为了解决 CPU 与主存速度不匹配问题而在 CPU 和主存之间设置的容量较小但存取速度很快的存储器，用来存储 CPU 当前正在使用的程序和数据。Cache 的地址总是与主存某一区间的地址相映射，工作时 CPU 先访问 Cache，如果未找到所需的内容，再访问主存。在现代计算机中，Cache 是集成在 CPU 内部的，一般集成了两级 Cache，高端芯片（如多核处理器）甚至集成了三级 Cache。

3．I/O 设备

输入设备将各种形式的外部信息转换为计算机能够识别的代码形式送入主机。常见的输入设备有键盘、鼠标等。输出设备将计算机处理的结果转换为人们能够识别的形式输出。常见的输出设备有显示器、打印机等。

从信息传输的角度来看，输入设备和输出设备都是与主机传输数据的，只是传输方向不同，因此常将输入设备和输出设备合称为 I/O（Input/Output，输入/输出）设备。它们在逻辑划分上位于主机之外，因此又称为外围设备或外部设备，简称外设。硬盘、光盘等外存既可看成存储系统的一部分，又看成具有存储能力的 I/O 设备。

4．总线

总线是一组能被多个部件分时共享的信息传输线路。现代计算机普遍采用总线结构，用一组系统总线将 CPU、存储器和 I/O 设备连接起来，各部件通过这组总线交换信息。注意，任意时刻只允许一个部件或设备通过总线发送信息，否则会引起冲突；但允许多个部件同时从总线上接收信息。

根据系统总线上传输的信息类型，系统总线可分为地址总线、数据总线和控制总线。地址总线用来传输 CPU 或 I/O 设备发向主存的地址码。数据总线用来传输 CPU、主存及 I/O 设备之间需要交换的数据。控制总线用来传输控制信号，如时钟信号、CPU 发向主存或 I/O 设备的读/写命令和 I/O 设备送往 CPU 的请求信号等。

5．I/O 接口

为什么在系统总线与 I/O 设备之间设置了接口部件，如 USB 接口、SATA 接口和 PC1-E 接口等？这是因为计算机通常采用确定的总线标准，每种总线标准都规定了其地址线和数据线的位数、控制线的种类和数量等。但计算机系统连接的各种 I/O 设备并不是标准的，在种类与数量上都是可变的。因此，为了将标准的系统总线与各种 I/O 设备连接起来，需要在系统总线与 I/O 设备之间设置一些接口部件，它们具有缓冲、转换、连接等功能，这些部件就被统称为 I/O 接口。

3.2.3　计算机的指令系统与工作原理

CPU 是计算机系统的核心，计算机的运行就是通过控制器执行一条条的指令，来实现指令和程序的功能。

1．指令与指令系统

操作码字段	地址码字段

图 3-6　指令的一般格式

指令是指计算机硬件能够直接实现的基本操作，如"取数""存数""加""减"等。指令由操作码字段和地址码字段两部分组成，如图 3-6 所示。操作码字段表示指令的功能，即执行什么动作；地址码字段表示参与操作的操作数的地址码。其中，地址码字段可以是操作数的值本身，也可以是操作数在存储器中的地址。

　　程序是指计算机完成某个任务的指令序列。计算机能够直接识别的指令是由 0 和 1 构成的字符串，称为机器指令。因为计算机只能执行机器指令，所以使用汇编语言和高级程序语言编写的程序需要编译或解释成机器指令才能执行。

　　一个 CPU 所能处理的所有指令的集合称为指令系统。指令系统是表征一台计算机性能的重要指标，它的格式与功能不仅影响到计算机的硬件结构，还影响到系统软件和计算机的适用范围。不同的指令系统拥有的指令种类和数量是不同的。因此，指令系统在很大程度上决定着计算机的处理能力。指令系统功能越强，用户使用越方便，但实现指令功能的计算机结构越复杂。

2．CPU 的工作过程（原理）

　　指令是 CPU 执行的最小单位，CPU 的工作过程是循环执行指令的过程。当程序开始执行时，程序中第一条指令的存储地址将被放置在指令计数器（Program Counter，PC）中，指令的执行过程是在控制器的控制下完成的，一条指令的执行过程如图 3-7 所示。

　　① 取指令：CPU 根据指令计数器的内容从主存中读取指令，并将其保存在指令寄存器（Instruction Register，IR）中，同时指令计数器自动加 1，使之指向下一条要执行指令的存储地址。

　　② 分析指令：也称为译码，由指令译码器（Instruction Decoder，ID）对指令进行译码，分析出指令的操作码类别和所需操作数的获取方法。

　　③ 执行指令：向各个部件发出相应的控制信号，完成指令规定的操作，如从存储器中读取数据并传输到数据寄存器，ALU 进行算术或逻辑运算等。

　　重复进行"取指令→分析指令→执行指令"，直到遇到停机指令为止，即可实现程序自动执行的过程。

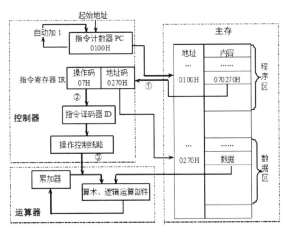

图 3-7　一条指令的执行过程

3.3　微型计算机硬件组成

　　计算机按照规模和处理能力可分为高性能计算机、大型计算机、小型计算机、工作站和微型计算机。其中，工作站的性能比微型计算机的性能要好，主要用于专门的图形等对信息处理要求较高的应用场合，在外形上和微型计算机相似，也被称为"高档微机"。微型计算机简称微机，又称个人计算机（Person Computer，PC），主要面向个人用户，普及程度非常高，应用领域非常广泛。微型计算机的硬件配置主要有 CPU、主板、主存、I/O 接口板、硬盘、光盘驱动器、键盘、鼠标、显示器等。

3.3.1 主板

主板是连接计算机中所有硬件的载体，是计算机工作的核心。主板中有各种电路，通过这些电路完成各个组件之间的信号交换，主板实物图如图 3-8 所示。在工作时，主板对功率进行分配，协调组件通信，集合所有效果展现出来的就是一台正常运行的计算机。

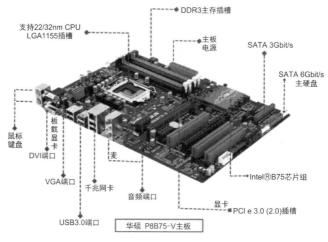

图 3-8　主板实物图

在组装计算机时，一般都先选择主板，通过检查主板所提供的硬件端口、数量、级别、类型、兼容性等来选择对应的硬件组件。例如，USB 端口级别（USB2.0、USB3.0、USB3.1）、显示端口类型（HDMI、DVI、RGB）、显卡、主存插槽数量和类型等；核心组件 CPU 的选取也要看主板支持的插槽和功率，相互匹配才能正常运行。

3.3.2 CPU

CPU 安装在主板中的 CPU 插槽中，其接口类型要与主板的 CPU 插槽类型相匹配。CPU 的主要参数有主频、字长、多核和制作工艺等。图 3-9 显示了几种不同的 CPU 外观。

图 3-9　几种不同的 CPU 外观

目前 CPU 主要的两大厂商为 Intel 和 AMD。其中，Intel 以稳定著称，对多媒体有较好的支持，比较适合一些多媒体爱好者、办公及家庭用户；AMD 则具有良好的超频性能和低廉的价格，能花费较少并获得较好的性能。

近年来国产 CPU 发展很快，目前我国自研龙芯 1 号系列为低功耗、低成本专用嵌入式 SoC 或 MCU 处理器，应用场景面向嵌入式专用应用领域，如物联终端、仪器设备、数据采集等，主要根据需求定制；龙芯 2 号系列为低功耗通用处理器，采用单芯片 SoC 设计，应用场景面向工业控制与终端等领域，如网络设备、行业终端、智能制造等；龙芯 3 号系列为高性能通用处理器，通常集成 4 个及以上 64 位高性能处理器核，应用场景面向桌面和服务器等信息化领域。

3.3.3　存储系统

微型计算机的存储系统如图 3-10 所示。

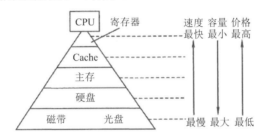

图 3-10　微型计算机的存储系统

1. 高速缓存

高速缓存（Cache）的理论基础是程序的局部性原理，即 CPU 对主存的访问总是局限在整个主存的某个部分。基于该原理，在访问主存的某个单元后，将该单元及其相邻的多个单元的内容读入 Cache。Cache 由静态随机存储器组成，容量比较小，其速度比主存高得多，接近于 CPU 的速度。采用 Cache 技术的微型计算机已相当普遍，酷睿 CPU 一般有三级 Cache，分别为 L1 Cache、L2 Cache 和 L3 Cache。

当 CPU 要读取一个数据时，首先从 Cache 中查找，如果找到就立即读取并送给 CPU 处理；如果没有找到，就用相对慢的速度从主存中读取并送给 CPU 处理，同时把这个数据所在的数据块调入 Cache 中，这样可以使得以后对整块数据的读取都从 Cache 中进行，不必再调用主存。

2. 主存

目前，微型计算机的主存是由半导体器件构成的，从使用功能上分为随机存储器（Random Access Memory，RAM）和只读存储器（Read Only Memory，ROM）。

（1）RAM。RAM 是一种可以随机读写数据的存储器。RAM 有两个特点：一是既可以读出又可以写入，读出并不损坏原来存储的内容，只有写入才修改原来存储的内容；二是 RAM 只能用于暂时存储信息，一旦断电，存储内容立即消失，即具有易失性。

RAM 通常由 MOS 型半导体存储器组成，根据其保存数据的机理又可分为静态随机存储器（Static Random Access Memory，SRAM）和动态随机存储器（Dynamic Random Access Memory，DRAM）两类。

① SRAM 是用双极型或 MOS 型的双稳电路作为存储元件的，具有存取速度快的特点。只要有电源正常供电，SRAM 就能稳定地存储数据，主要用于高速缓存（Cache）。

② DRAM 是用 MOS 型电路和电容作为存储元件的，具有集成度高的特点。因为电容会漏电，所以必须定期充电以保证存储内容正确，这个过程称为动态刷新。DRAM 主要用于大容量主存。

SDRAM（Synchronous DRAM,同步动态随机存储器）是一种改善结构的增强型 DRAM，它在 DRAM 中加入了同步控制逻辑。DDR SDRAM（Double Data Rate SDRAM，双倍速率 SDRAM，简称 DDR）是在 SDRAM 的基础上发展起来的，它可以在相同时间内使数据传输的速度翻倍。

目前,微型计算机中普遍使用的主存的主要类型为 DDR3 和 DDR4 等,DDR3 和 DDR4 内存条如图 3-11 所示。

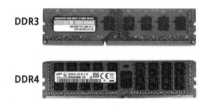

图 3-11　DDR3 和 DDR4 内存条

（2）ROM。ROM 是只读存储器。顾名思义，它的特点是只能读出原有的内容，不能由用户写入新内容。ROM 是一种非易失性存储器，一旦写入信息后，无须外加电源来保存信息，不会因断电而丢失。ROM 一般用于存储计算机的基本程序和数据，如存储 BIOS 的就是 ROM。

3．辅助存储器

辅助存储器又称外存或辅存，用来存储后备程序、数据及其他软件，CPU 不能直接访问，只能和主存之间交换信息。

（1）机械硬盘。机械硬盘是以磁盘为存储介质的大容量存储器，具有可重复读写、可长期保存、容量大、机械控制、速度较慢等特点。

机械硬盘主要由盘片、磁头、磁头臂和主轴等组成，其内部结构如图 3-12 所示。

磁头可沿盘片的半径方向运动，加上盘片每分钟几千转的高速旋转，磁头就可以定位在盘片的指定位置上进行数据的读写操作。机械硬盘通过数据线和主板上的硬盘接口相连，硬盘接口分为早期的 IDE 并行接口（大部分已淘汰）和主流的 SATA 串行接口等。SATA 串行接口可分为 SATA1.0、SATA2.0 和 SATA3.0,速度分别约为 1.5Gbit/s、3.0Gbit/s 和 6.0Gbit/s。目前以 SATA3.0 为主。

绝大多数微型计算机及许多数字设备都配有机械硬盘,主要原因是存储容量大,经济实惠。微型计算机硬盘的容量单位通常是 GB、TB，巨型计算机硬盘的容量单位则多为 PB、EB。

（2）固态硬盘。固态硬盘（Solid State Disk，SSD）是由控制单元和闪存颗粒（Flash 芯片）组成的硬盘（类似大容量 U 盘），具有速度快、可靠性高、成本高、寿命短等特点，固态硬盘实物结构如图 3-13 所示。

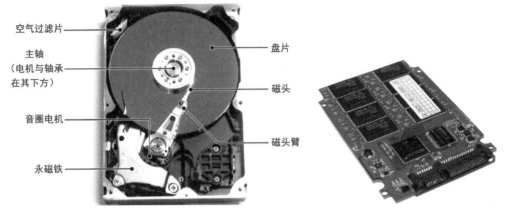

图 3-12　机械硬盘内部结构　　　　　　图 3-13　固态硬盘实物结构

（3）光盘存储器。光盘存储器是一种采用光存储技术存储信息的存储器。它采用聚焦激光束在盘式介质上非接触地记录高密度信息，以介质材料的光学性质（如反射率、偏振方向）的变化来表示所存储信息的 1 或 0。

常见的光盘存储器种类如下。

① CD-ROM（Compact Disc Read Only Memory，只读型光盘），由光盘制造厂家预先用模板一次性将信息写入，以后只能读出数据而不能写入任何数据。

② CD-R（CD Recordable，一次写入型光盘），通过在光盘上增加有机染料记录层，实现一次写、多次读。不管数据是否填满盘片，都只能写入一次。

③ CD-RW（CD Rewritable，可重写型光盘），通过在光盘上加一层可改写的染色层，利用激光可在光盘上反复多次写入数据。

④ DVD（Digital Video Disc，数字通用光盘），一种能够保存视频、音频和计算机数据的容量更大、运行速度更快的采用了 MPEG-2 压缩标准的光盘。

3.3.4　常用的输入/输出设备

1．键盘

键盘是目前实现数据输入的主要设备，也是标准输入设备，内部有专门的微处理器和控制电路。当操作者按下任一按键时，键盘内部的控制电路就会产生一个代表这个按键的二进制代码，然后将此代码输入主机内部，操作系统就知道用户按下了哪个按键，实现了数据的输入过程。目前主流的键盘接口为 USB 接口。

2．鼠标

鼠标是一种常用的输入设备，其工作原理是：当移动鼠标时，鼠标把移动距离及方向的信息变成脉冲信号送入计算机，计算机将脉冲信号转变为光标的坐标数据，从而达到指示位置的目的。目前主流的鼠标大多通过 USB 接口或无线（红外线、蓝牙）与主机相连。

3．显示器

显示器是计算机最常用的输出设备，也是标准输出设备，其作用是将计算机的处理结果以数字、字符、图形和图像的方式进行显示。目前主流的显示器是液晶显示器（LCD），根据尺寸（显示器屏幕的对角线长度）可分为 14 英寸、15 英寸、17 英寸和 20 英寸等。

衡量显示器好坏的两个重要指标是分辨率和像素点距。

每平方英寸上的像素数越多，图像的清晰度（分辨率）越高，分辨率用水平方向和垂直方向上的最大像素数表示。

像素点距是指屏幕上荧光点之间的距离，它决定了像素的大小与屏幕能达到的最高显示分辨率。像素点距越小，显示出来的图像越细腻，显示器的分辨率就越高。

4．打印机

打印机是计算机常用的输出设备，其作用是将计算机的处理结果以打印的方式提供给使用者。目前常用的打印机有点阵式打印机、喷墨打印机和激光打印机三种。

① 点阵式打印机：又称为针式打印机，有 9 针和 24 针两种。针数越多，针距越小，打印出来的字就越美观。该类打印机的主要耗材是色带，主要优点是价格便宜、维护费用低，可复写打印，适合于打印蜡纸；缺点是打印速度慢、噪声大、打印质量稍差。目前点阵式打印机主要应用于银行、税务部门、商店等的票据打印。

② 喷墨打印机：通过喷墨管将墨水喷射到普通打印纸上而实现字符或图形的输出，主要耗材是墨盒，可以打印胶片。其主要优点是打印精度高、噪声小、价格便宜；缺点是打印速度慢，墨水消耗量大，日常维护费用高。

③ 激光打印机：具有精度高、打印速度快、噪声小等优点，已逐渐成为办公自动化的主流产品，其主要耗材是硒鼓。

激光打印机和喷墨打印机相比，在价格方面，激光打印机更贵一些；在打印分辨率方面，喷墨打印机远远高于激光打印机；在适用纸张方面，喷墨打印机适用的纸张类型多于激光打印机；在耗材方面，喷墨打印机的墨盒价格更贵；在打印速度方面，激光打印机远远快于喷墨打印机。

3.3.5 微型计算机主要性能指标

高性能的微型计算机有很快的处理速度和很强的处理能力。性能的提高，是微型计算机各个部件共同协调工作的结果。计算机的用途不同，对部件的性能要求也有所不同。例如，用于科学计算的计算机，对主机的运算速度要求很高；用于大型数据库管理的计算机，对主机的主存容量、存取速度和外存的读写速度要求较高；用于网络传输的计算机，要求具有很高的 I/O 速度，因此，应当有高速的 I/O 总线和相应的 I/O 接口。微型计算机的主要性能指标如下。

（1）主频。主频是指 CPU 在单位时间内（秒）发出的脉冲数，是 CPU 的一个非常重要的性能指标。主频越高，CPU 的工作频率越高，执行指令的速度越快。

（2）字长。字长是指 CPU 一次能够处理的二进制的位数。它直接关系到计算机的运行速度和精度，目前的主流字长是 64 位。

（3）主存容量。CPU 执行的指令和数据都来自主存，主存容量越大，存储的数据越多，CPU 则能越大概率地直接从主存中找到需要的指令和数据，不需要再等待指令和数据从其他存储器中调入主存，从而使计算机的运行速度更快。

（4）I/O 设备配置。I/O 设备的性能对微型计算机有直接影响。例如，硬盘的容量大小、显示器的分辨率等。

3.4　计算机硬件组成中蕴含的计算思维

思考 1. 流水线处理技术解决了什么问题？

若从冯·诺依曼型计算机结构的本质讲，计算机系统采用串行执行指令的工作机制，同一时刻 CPU 中只有一条指令在执行，指令的串行执行如图 3-14 所示。这种串行方式控制简单，但各个部件的利用率低，运行速度慢。

图 3-14　指令的串行执行

流水线处理技术并不是计算机领域中特有的技术。在计算机出现之前，流水线处理技术已经在工业领域中得到广泛应用，如汽车装配流水线等。计算机中的流水线处理技术是把一个复杂任务分解为若干个子过程，每个子过程与其他子过程并行处理，其运行方式和工业流水线十分相似，因此被称为流水线处理技术。

现代计算机普遍采用指令流水线处理技术来并行执行指令，同一时刻有多条指令在CPU 的不同功能部件中并发执行，可大大提高功能部件的并行性和程序执行效率，指令的并行执行如图 3-15 所示。

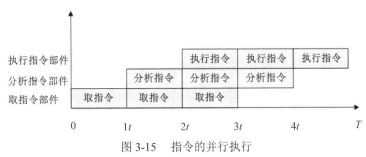

图 3-15　指令的并行执行

思考 2. 多核技术解决了什么问题？

2005 年之前的主流处理器一般都是单核处理器。要提高单核处理器的综合性能，通常有两种途径：一是提高处理器的主频；二是提高每个时钟周期内执行的指令数（Instruction Per Clock，IPC）。在单核处理器时代普遍会采用提高主频的手段来提升处理器的综合性能。

然而，通过提高主频来提升处理器的性能，会使处理器的功耗以指数（主频的 3 次方）的速度急剧上升，带来的散热问题也很难解决。因此，通过无限制地提高主频来提升单核处理器性能是不可行的。

在这种情况下，处理器业界的多数厂商不得不积极寻找其他途径来提高处理器性能，即多核技术。由单核处理器增加到双核处理器，即使主频不变，IPC 在理论上也可以提高 1 倍。处理器实际性能是处理器在每个时钟周期内所能处理指令数的总量，因此增加一个内核，理论上 IPC 将增加 1 倍。原因很简单，因为它可以并行地执行指令，所以包含几个内核，IPC 的上限就会增加几倍。而在芯片内部多嵌入几个内核的难度远远比加大内核的集成度要低很多。于是，多核技术能够在不提高设计和制造难度的前提下，用多个低频内核产生超过单个高频内核的处理效能，特别是服务器产品需要面对大量并行数据时，在多核处理器上分配任务更能够提高工作效率。

计算思维的一个利器就是抽象。人类通过抽象，精心设计各种模块（计算机各部件），将模块巧妙地组合成计算机系统，并能流畅地运行所需的计算过程。在使用过程中通过不断地思索和创新，不断地改进设计，以提升计算机系统的性能。

习题

1. 简述计算机系统的组成。
2. 冯·诺依曼型计算机的组成及各功能部件的作用是什么？
3. 简述 CPU 执行指令的基本过程。
4. 简述内存、高速缓存、外存之间的区别和联系。
5. 简述微型计算机的硬件配置。
6. 简述微型计算机主要的性能指标。

第4章

计算平台——计算机软件系统

4.1 计算机软件系统组成

计算机软件系统是指运行在硬件上的程序、运行程序所需的数据及相关的文档的总称。计算机软件系统包括系统软件和应用软件两类。

4.1.1 系统软件

系统软件是指控制和协调计算机及 I/O 设备、支持应用软件开发和运行的系统，包括操作系统、程序设计语言与语言处理程序、数据库管理系统、系统服务程序、设备驱动程序等，其中，操作系统是最重要的一种系统软件。

1．操作系统

操作系统（Operating System，OS）是对计算机硬件资源和软件资源进行管理和控制的程序，是最基本和最重要的系统软件。没有安装操作系统的计算机称为"裸机"，其他的系统软件和应用软件均需要操作系统的支持。操作系统为用户使用计算机的硬件资源和软件资源提供了接口和界面。

2．程序设计语言与语言处理程序

（1）程序设计语言。

计算机是在程序的控制下工作的，而程序需要使用计算机程序设计语言编写。根据程序设计语言与计算机硬件的联系程度，程序设计语言可分为机器语言、汇编语言、高级语言 3 类。前两者依赖于计算机硬件，有时统称为低级语言，而高级语言与计算机硬件的关系较小，是目前常用的编程语言。因此，可以说程序设计语言的演变经历了由低级向高级发展的过程。

① 机器语言。计算机能够识别并能直接执行的指令语言称为机器语言。机器语言是用二进制代码编写的，是面向机器的语言。不同的机器，机器语言的格式也有所不同。

② 汇编语言。用助记符表示机器指令编写程序的语言称为汇编语言。汇编语言也是面向机器的语言，不同机器的汇编语言格式不同。机器不能识别汇编语言，由汇编语言编写的程序称为汇编源程序，需要将其通过汇编程序转换为机器语言的目标程序，并经相应的链接后，机器才能执行。

③ 高级语言。高级语言是面向问题的语言，用接近于人类自然语言的词和数学公式描述和编写程序。由高级语言编写的源程序需要经编译程序或解释程序转换成机器语言后，计算机才能执行。高级语言有 C、C++、Java、Python 等。

（2）语言处理程序。

用汇编语言和高级语言编写的程序称为源程序，源程序不能被计算机直接执行，必须把它们翻译成机器语言程序，计算机才能识别及执行。这种翻译是由程序实现的，不同的语言有不同的语言翻译程序，这些翻译程序称为语言处理程序。因此，计算机上提供的各种语言必须配备相应的语言处理程序。

3．数据库管理系统

数据处理是当前计算机应用的一个重要领域，有组织地、动态地存储大量的数据信息，同时使用户能方便、高效地使用这些数据信息是数据库管理系统（DBMS）的主要功能。DBMS 是用户与数据库之间的接口，是建立信息管理系统（如人事管理、财务管理、档案管理、图书资料管理、仓库管理等）的主要系统软件工具。

4．系统服务程序

系统服务程序是一些工具性的服务程序，有助于用户对计算机的使用和维护。主要的系统服务程序有编辑程序、打印管理程序、测试程序、诊断程序等。

5．设备驱动程序

设备驱动程序是对连接到计算机系统的设备进行控制驱动，以使其正常工作的一种软件。每个设备都有其设备控制器（硬件），操作系统通过设备控制器与设备进行交流，因此每个连接到计算机上的 I/O 设备都需要某些特定的代码对其进行控制，这种代码称为设备驱动程序。

当为计算机配备了新的 I/O 设备时，必须要为这些 I/O 设备安装设备驱动程序。对于一些设备，如鼠标、键盘等，操作系统本身已经集成了它们的驱动程序，所以无须安装；另一些设备则必须有专门的驱动程序才能正常使用，如显卡、网卡和打印机等。

4.1.2　应用软件

应用软件是指为解决某些具体问题而编制的程序。应用软件包括两类：一类是软件公司开发的通用软件和实用软件，通用软件有文字处理软件 Word、WPS 和图形处理软件 Photoshop 等；实用软件有杀毒软件、解压缩软件等；另一类是用户为解决各种实际问题而自行开发的程序，即用户程序，如学生学籍管理系统。

4.2　操作系统概述

计算机发展到今天，从微型计算机到智能手机、高性能计算机，无一例外都需要配置操作系统。

4.2.1　操作系统的定义

操作系统是直接运行在硬件上的第一层软件，负责所有硬件的分配、控制和管理，硬件能在操作系统的控制下正常、有条不紊地工作。其他软件安装在操作系统之上，操作系统是其他软件使用计算机硬件的接口，同时是用户和计算机的接口，为用户使用计算机提供了交互操作界面。操作系统接口示例如图 4-1 所示。

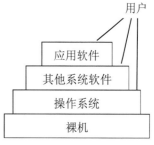

图 4-1　操作系统接口示例

4.2.2　操作系统的功能

从资源管理的角度看，操作系统具有以下功能：处理器管理、存储器管理、文件管理和设备管理。

1. 处理器管理

处理器是计算机中的核心资源，所有程序的运行都要靠它来实现。如何协调不同程序之间的运行关系，如何及时反映不同用户的不同要求，如何让众多用户公平地得到计算机的资源等都是处理器管理要关心的问题。具体地说，处理器管理要做如下事情：对处理器的使用进行分配；对不同程序的运行进行记录和调度；实现用户和程序之间的相互联系；解决不同程序在运行时相互发生的冲突。

处理器管理可归结为对进程的管理，包括进程控制、进程同步、进程通信和进程调度。每个进程有 3 种状态，分别为运行状态、就绪状态和阻塞状态。

① 运行状态：是指进程已经获得 CPU 且在 CPU 上执行的状态。

② 就绪状态：是指进程已经获得除 CPU 外的所有需要的资源，具备运行条件，但是由于没有获得 CPU 而不能运行时所处的状态。

③ 阻塞状态：也称为等待状态，是指一个进程正在等待某一事件发生（如请求 I/O 或等待 I/O 完成等）而暂时停止运行，这时即使把 CPU 分配给进程也无法运行，故称该进程处于阻塞状态。

在任何时刻，进程都处于且仅处于以上 3 种状态之一。进程的 3 种状态可以相互转换。当一个就绪进程获得 CPU 时，其状态由就绪变为运行；当一个运行进程被剥夺 CPU 时（如用完系统分配给它的时间片或出现优先级别更高的其他进程），其状态由运行变为就绪；当一个运行进程因某件事情受阻时（如申请的资源被占用或启动 I/O 传输未完成），其状态由运行变为阻塞；当一个阻塞进程等待事件发生时（如得到申请的资源或 I/O 完成），其状态由阻塞变为就绪。进程管理如图 4-2 所示。

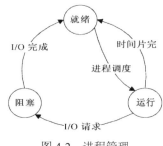

图 4-2　进程管理

2．存储器管理

存储器管理解决的是主存的分配、保护和扩充的问题。计算机要运行程序就必须有一定的主存空间，当多个程序都在运行时，如何分配主存空间才能最大限度地利用有限的主存空间为多个程序服务；当主存不够用时，如何利用外存将暂时用不到的程序和数据放到外存上去，而将急需使用的程序和数据调到主存中来，这些都是存储器管理所要解决的问题。

3．文件管理

文件管理解决的是如何管理好存储在外存上的数据（如硬盘、光盘、U 盘等），是对存储器的空间进行组织分配，负责数据的存储，并对存入的数据进行保护检索的系统。

文件管理负责 3 个方面的任务：①有效地分配文件存储器的存储空间（物理介质）；②提供一种组织数据的方法（按名存取、逻辑结构、组织数据）；③提供合适的存取方法（顺序存取、随机存取）。

4．设备管理

I/O 设备是计算机系统的重要硬件资源，与 CPU 和主存资源一样，也受到操作系统的管理。设备管理就是对各种 I/O 设备进行分配、回收、调度和控制，以及完成基本 I/O 等操作。

4.2.3　操作系统的分类

操作系统有以下不同的分类标准。

（1）按用途划分：操作系统可分为专用操作系统和通用操作系统。

① 专用操作系统是指用于控制和管理专项事物的操作系统，如现代工业流水线中使用的操作系统。这类系统一般以嵌入硬件的方式出现。

② 通用操作系统具有完善的功能，如常用的 Windows 操作系统，它能够适应多种用途的需要。

（2）按提供的工作环境划分：操作系统可分为批处理操作系统、分时操作系统、实时操作系统、单用户操作系统、网络操作系统和分布式操作系统。

① 批处理操作系统：先将作业按照它们的性质分组（或分批），再成组（或成批）地提交给计算机系统，由计算机自动完成后输出结果，从而减少作业建立和结束过程中的时间浪费。根据在主存中允许存储的作业数，批处理操作系统又分为单道批处理操作系统和

多道批处理操作系统。作业是指用户要求计算机完成的工作，即完成用户某个任务的程序、数据和作业说明书。用户事先把作业准备好，然后直接交给系统操作员，由系统操作员将用户提交的作业分批进行处理，每批中的作业由操作系统控制执行，可充分利用系统资源，但是用户不能进行直接干预，缺少交互性，不利于程序的开发与调试。

② 分时操作系统：其克服了批处理操作系统的缺点，主要特征是允许多个用户分享使用同一台计算机。分时操作系统将系统处理器时间与主存空间按一定的时间间隔，轮流地切换给各终端用户的程序使用。由于时间间隔很短，因此每个用户感觉就像自己独占计算机一样，有效提高资源的使用率。

③ 实时操作系统：是指当外界事件或数据产生时，能够接收并以足够快的速度予以处理，其处理的结果能在规定的时间内来控制生产过程或对处理系统做出快速响应，并控制所有实时任务协调一致运行的操作系统。因此，提供及时响应和高可靠性是实时操作系统的主要特点。

④ 单用户操作系统：个人计算机操作系统是单用户操作系统，在 CPU 管理和主存管理等方面比较简单。早期个人计算机使用的 CP/M（Control Program for Microprocessors）系统和 20 世纪 80 年代初开始使用的 DOS（Disk Operating System）都是单用户单任务操作系统。近些年来，由于多媒体技术的广泛应用及个人计算机硬件系统的迅速发展，Windows 操作系统、Linux 操作系统得到极大的发展。

⑤ 网络操作系统：服务于计算机网络，按照网络体系结构的各种协议来完成网络的通信、资源共享、网络管理和安全管理的系统软件。它除具有基本操作系统的管理和服务功能外，还具有网络管理和服务功能，主要包括网络资源共享和网络通信功能。网络操作系统运行在称为服务器的计算机上，并由连网的计算机用户（被称为客户）共享。

⑥ 分布式操作系统：建立在网络操作系统之上，对用户屏蔽了系统资源的分布而形成的一个逻辑整体系统的操作系统。它通过通信网络把物理上分散的具有自治功能的计算机系统连接起来，以实现信息交换和资源共享及协作完成任务。与网络操作系统不同，分布式操作系统中的计算机无主次之分。分布式操作系统为用户提供了一个统一的界面和标准接口，用户通过这一界面可以实现所需的操作或使用系统资源。至于操作是在哪一台计算机上执行的或使用了哪台计算机的资源，则是分布式操作系统完成的。

4.2.4　操作系统的发展

在 1946 年世界上第一台通用电子计算机诞生时并没有操作系统。在过去的几十年里，伴随着计算机硬件的更新换代，操作系统经历了从 20 世纪 40 年代的手工操作、20 世纪 50 年代的单道批处理操作系统、20 世纪六七十年代的多道批处理及分时操作系统，直至现在的网络和移动操作系统，不断地升级用户体验、扩展应用领域，变得越来越复杂和强大。

1964 年，OS/360 操作系统在 IBM 公司诞生。

1970 年，UNIX 操作系统在美国的贝尔实验室诞生。

1974 年，加里 • 基尔代尔推出第一个微型计算机操作系统 CP/M。

1981 年，IBM 公司推出 PC-DOS，微软公司发布了 MS-DOS。

1984 年，苹果公司发布了 Mac OS 1.0 图形用户界面操作系统。

1985 年，微软公司推出 Windows 1.0 操作系统。

1991 年，芬兰的林纳斯·本纳第克特·托瓦兹（Linus Benedict Torvalds）推出免费开源的 Linux 操作系统。

2007 年，苹果公司发布了 iOS 移动操作系统。

2007 年，谷歌公司正式发布了 Android 移动操作系统。

随着互联网、超级计算机、智能移动终端的快速发展，Linux、Android 和 iOS 都成为当前主流操作系统。

操作系统国产化浪潮起源于 20 世纪末，目前，依托开源生态及政策扶持，我国的操作系统正快速崛起，涌现出了一大批以 Linux 为主要架构的国产操作系统，如中标麒麟、深度（Deepin）、华为鸿蒙等，未来的广阔发展前景值得期待。

4.2.5　常用操作系统简介

1．Windows 操作系统

Windows 操作系统是由美国微软公司开发的一款视窗操作系统。它采用了 GUI（图形用户界面）操作模式，比 DOS 等指令操作系统更人性化。从 1985 年推出的 Windows 1.0 开始，Windows 操作系统历经 Windows 95、Windows 98、Windows XP 到现在的 Windows 7、Windows 8、Windows 10，逐渐占领了办公室、学校和家庭，是目前个人计算机使用最多的操作系统。

Windows 7 于 2009 年发布。Windows 7 的设计主要围绕 5 个重点：针对笔记本电脑的特有设计；基于应用服务的设计；用户的个性化；视听娱乐的优化；用户易用性的新引擎。它是除 Windows XP 外第二经典的 Windows 系统。

Windows 8 于 2012 年发布，支持来自 Intel、AMD 和 ARM 的芯片架构，可用于个人计算机和平板电脑上，尤其是触屏手机、平板电脑等移动触控电子设备。

Windows 10 于 2015 年发布，有家庭版、专业版、企业版、教育版、移动版、移动企业版和物联网核心版共 7 个版本，需要 16GB（32 位操作系统）或 20GB（64 位操作系统）的硬盘空间进行安装，运行则需要 1GB（32 位）或 2GB（64 位）的 RAM 空间。Windows 10 操作系统在易用性和安全性方面有了极大的提升。除针对云服务、智能移动设备、自然人机交互等新技术进行融合外，还对固态盘、生物识别、高分辨率屏幕等硬件进行了优化完善与支持。

2．UNIX 操作系统

UNIX 是一个强大的多用户、多任务分时操作系统，支持多种处理器架构。1969 年由美国 AT&T 贝尔实验室的 Ken Thompson 开发，最早的 UNIX 是用汇编语言和 B 语言来编写的，移植性不好，为此贝尔实验室的 D.M.Ritchie 将 BCPL 语言进行了升级改造，发明了 C 语言，1973 年他们就用 C 语言重写了 UNIX 操作系统。UNIX 和 C 完美地结合为一个统一体，很快在世界范围内流行起来。

3．Linux 操作系统

1991 年，芬兰赫尔辛基大学学生 Linus Torvalds 在 UNIX 的基础上开发了 Linux 操作系统，这是一套免费使用和自由传播的类 UNIX 操作系统，是一个多用户、多任务、支持多线程和多 CPU 的操作系统。它能运行主要的 UNIX 工具软件、应用程序和网络协议，继承了 UNIX 以网络为核心的设计思想，是一个性能稳定的多用户网络操作系统。

4．Android 操作系统

Android 一词的本义指"机器人"，是美国谷歌公司 2007 年发布的基于 Linux 的自由及开放源代码的操作系统，中文名为安卓，图标如图 4-3 所示。该平台由操作系统、中间件、用户界面和应用软件组成，主要使用于移动设备，如智能手机，后又逐渐扩展到平板电脑及其他领域，如电视、数字照相机、游戏机等。Android 操作系统目前是全球使用范围最广的移动设备操作系统。

图 4-3　Android 图标

5．银河麒麟操作系统

银河麒麟操作系统（Kylin OS）原是国防科技大学研发的一款以 Linux 为内核的国产操作系统，后由国防科技大学将品牌授权给天津麒麟，后者在 2019 年与中标软件合并为麒麟软件有限公司，继续研制银河麒麟系列操作系统。

神舟十三号载人飞船中的飞行控制软件全部是基于银河麒麟操作系统开发的，除用于载人空间站任务外，银河麒麟操作系统也已在我国火星探测、探月工程及北斗工程中得到应用，并全面应用于党政、金融、能源领域及企事业和商业单位中，有力地支撑着我国信息化和现代化事业的发展。

2021 年，银河麒麟操作系统发布了升级版本 V10 SP1，这是一款图形化桌面操作系统，如图 4-4 所示。此次发布的升级版本在上一代版本 V10 的基础上新增了与移动软件的融合，可以在计算机上直接安装和运行手机端的应用，并且在安全性上有了显著提升。

6．鸿蒙操作系统

2021 年鸿蒙操作系统（Harmony OS）的问世，在全球引起了巨大反响。鸿蒙操作系统是中国华为公司开发的一款基于微内核，面向 5G 物联网、面向全场景的分布式操作系统，是中国华为公司开发的一款具有自主知识产权的操作系统，如图 4-5 所示。它面向下一代技术而设计，将手机、个人计算机、平板电脑、电视、工业自动化控制、无人驾驶、车机设备、智能穿戴统一成一个操作系统，并且兼容 Android 操作系统的所有 Web 应用。

图 4-4　银河麒麟桌面操作系统 V10 SP1

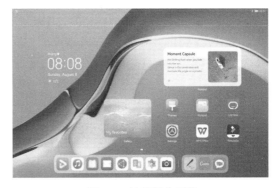

图 4-5　鸿蒙操作系统

4.3 Windows 10 操作系统

Windows 10 是微软公司独立发布的最后一个 Windows 版本，下一代 Windows 将以更新形式出现。

4.3.1　Windows 10 桌面

1．Windows 10 桌面组成

Windows 10 桌面主要由桌面图标、任务栏和桌面背景组成，如图 4-6 所示。

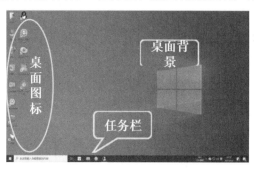

图 4-6　Windows 10 桌面

（1）桌面图标：主要由系统图标、快捷图标、文件和文件夹图标组成。其中，系统图标对应系统程序，如"此电脑""网络""回收站""控制面板"等；快捷图标对应应用程序的快捷方式，图标左下角有弯箭头；文件和文件夹图标是保存在桌面上的文件或文件夹。

（2）任务栏：启动 Windows 10 后，任务栏会自动显示在屏幕的底部。任务栏上从左至右，依次有：①开始按钮（单击可弹出"开始"菜单）；②搜索框（可用于搜索应用程序、文档、网页、文件夹、图片等各种资源）；③任务视图（单击可显示当前正在运行的任务和历史任务）；④快速启动区（用于快速启动应用程序或切换显示当前正在运行的应用程序）；⑤系统通知区（用于显示 CPU 温度、系统音量、网络、输入法、日期与时间、应用程序提示信息等内容）；⑥显示桌面按钮（单击可直接显示计算机桌面）。任务栏如图 4-7 所示。

图 4-7　任务栏

2．Windows 10 桌面图标功能

部分 Windows 10 桌面图标的功能如下。

（1）此电脑。桌面上的"此电脑"实际上是一个系统文件夹，是用户访问当前计算机资源的一个入口，通过它可访问硬盘、光盘、可移动硬盘及连接到计算机上的其他设备。

右击"此电脑"图标，选择"属性"命令，可在"设置"对话框中查看当前计算机安装

的操作系统的版本、处理器和主存等基本性能指标及计算机名称等信息。

（2）控制面板。双击桌面上的"控制面板"图标可打开"控制面板"窗口，在"控制面板"窗口中可以完成添加或删除程序、添加设备和打印机、查看硬件设备、设置系统属性等操作。

（3）回收站。桌面上的"回收站"是硬盘中的特殊文件夹，用来保存被逻辑删除的文件和文件夹。可以从中恢复文件或文件夹，也可以将这些内容从回收站中彻底删除，文件从回收站中删除后将无法再恢复。

3．Windows 10 开始菜单

Windows 10 开始菜单分为应用区和磁贴区两大区域，如图 4-8 所示。左侧是应用区，包括常用项目和最近添加项目，按字母排序显示所有应用列表；右侧是磁贴区，用来固定应用或图标，方便快速打开应用。

图 4-8　Windows 10 开始菜单

4.3.2　Windows 10 个性化工作环境

Windows 10 操作系统允许用户根据自己的喜好设置桌面主题、屏幕分辨率、屏幕保护程序、窗口颜色和外观等。

1．个性化桌面主题

右击桌面空白处，选择"个性化"命令，打开"个性化"窗口，如图 4-9 所示。在此窗口中，可以设置背景、颜色、锁屏界面、主题、字体、开始、任务栏等。

2．个性化显示属性

右击桌面空白处，选择"显示设置"命令，可以设置显示、存储、电源和睡眠等。

61

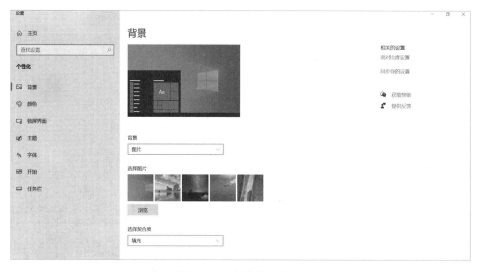

图 4-9　"个性化"窗口

3．个性化任务栏

右击任务栏空白处，在弹出的快捷菜单中选择对应的命令可以对任务栏进行设置。

4．个性化开始菜单

打开"开始"菜单，在左侧应用区中右击某个应用项目，在弹出的快捷菜单中选择"固定到开始屏幕"命令，该应用图标就会出现在右侧磁贴区中；用同样方法可以让某个应用固定到任务栏；右击磁贴区中的应用图标，可以调整大小，也可以从开始屏幕取消固定。

5．控制面板

控制面板中的设置选项按类别分主要有系统和安全、网络和 Internet、硬件和声音、程序、用户账户、外观和个性化、时钟和区域、轻松使用等。控制面板是传统用户比较喜欢使用的工具，在 Windows 10 中进入控制面板的方法是：打开"开始"菜单→选择"设置"命令→在"Windows 设置"窗口中的"查找设置"框中输入"控制面板"→单击"控制面板"即可。利用设置窗口查找控制面板如图 4-10 所示。

图 4-10　利用设置窗口查找控制面板

4.3.3　认识 Windows 10 的窗口

1．Windows 10 的标准窗口组成

我们在使用 Windows 时，见到的按钮、输入框、列表视图等都是窗口，桌面也是一个特殊的窗口。Windows 10 标准窗口如图 4-11 所示。

2．Windows 10 的虚拟桌面和分屏显示功能

当我们打开了多个窗口（或运行了多个程序）时，Windows 10 的虚拟桌面功能允许将运行中的

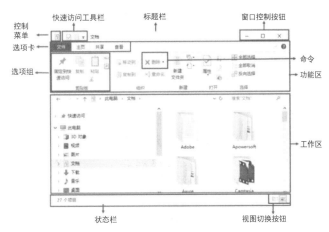

图 4-11　Windows 10 标准窗口

应用程序窗口放置于不同的桌面上，它突破了传统的桌面使用限制，为用户提供了更多的桌面使用空间。单击任务栏上的"任务视图"按钮，即可开启虚拟桌面，如图 4-12 所示，单击右上角的"+"符号，即可添加一个新的虚拟桌面，当前桌面上多余的窗口可直接拖曳到其他桌面。

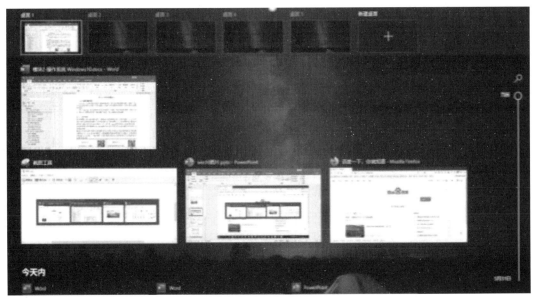

图 4-12　Windows 10 的虚拟桌面

Windows 10 的分屏显示功能允许在桌面上同时摆放多个窗口，并给出分屏显示建议。例如，当你把一个窗口拖至屏幕两边时，系统会自动以 1/2 比例完成排布。

63

4.3.4 认识 Windows 10 的文件和文件夹

文件和文件夹是计算机中比较重要的概念之一，在 Windows 10 中，几乎所有的任务都涉及文件和文件夹的操作，通过文件和文件夹对信息进行组织和管理。

1. 文件和文件夹的概念

文件是有名称的一组相关信息的集合，任何程序和数据都以文件的形式存储在计算机的外存（如硬盘）中，并且每个文件都有自己的名字，称为文件名。文件名是存取文件的依据，对于一个文件来讲，它的属性包括文件的名字、大小、创建或修改时间等。

外存存储着大量的不同类型的文件，为了便于管理，Windows 10 将外存组织成一种树状结构，这样就可以把文件按某一种类型或相关性存储在不同的文件夹中。这就像在日常工作中把不同类型的文件用不同的文件夹来分类、整理和保存一样。文件夹中除可以包含文件外，还可以包含文件夹，其包含的文件夹称为"子文件夹"。

2. 文件和文件夹的命名

为了区分各不相同的文件，每个文件都要有一个名字，称为文件名。文件全名一般由文件名和扩展名组成，中间用"."作为分隔符，即"文件名.扩展名"。文件名是文件的名字，文件的扩展名用于说明文件的类型。文件名的具体命名规则如下。

① 文件和文件夹的名字最多可使用 256 个字符。

② 文件和文件夹的名字中除开头外的任何地方都可以有空格，但不能包含？、\、/、*、"、<、>、:、|。

③ Windows 10 保留用户指定文件名的大小写格式的功能，但不能利用大小写区分文件名，Myfile.doc 和 MYFILE.DOC 被 Windows 10 认为是同一个文件名。

④ 文件名中可以有多个分隔符，但最后一个分隔符后的字符串用于指定文件的类型。example.file1.jpg，表示文件名是"example.file1"，jpg 则表示该文件是一个图像类型的文件。

⑤ 文件的类型可以通过文件的图标或扩展名显示出来。文件的类型通常有多种，如可执行程序文件（.com 和.exe）、图像文件（.bmp、.jpg、.gif）、音频文件（.mp3 和.wav）、视频文件（.avi、.mpeg、.mvb）、文本文件（.txt）等。

3. 文件和文件夹的属性

在 Windows 10 中，文件（或文件夹）都有其自身特有的信息，包括文件的类型、在存储器中的位置、所占空间的大小、修改时间和创建时间，以及文件在存储器中存在的方式等，这些信息统称为文件的属性。

一般，文件在存储器中存在的方式有只读、隐藏等属性（见图 4-13）。右击文件（或文件夹）图标，在弹出的快捷菜单中选择"属性"命令，在弹出的

图 4-13 Windows 10 "文档属性"对话框

"属性"对话框中可以改变一个文件的属性。其中的"只读"是指文件只允许读、不允许写；"隐藏"是指将文件隐藏起来，在一般的文件操作中将不显示这些隐藏起来的文件信息。

4．文件夹的树状结构

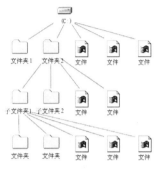

Windows 10 采用了多级层次的文件夹结构。对于同一个外存来讲，它的最高一级只有一个文件夹（称为根文件夹）。根文件夹的名称是系统规定的，统一用"\"表示。根文件夹内可以存储文件，也可以建立子文件夹（下级文件夹）。子文件夹的名称是由用户按命名规则指定的。子文件夹内又可以存储文件和再建立子文件夹。这就像一棵倒置的树，根文件夹是树的根，各子文件夹是树的分支，文件则是树的叶子，叶子上是不能再长出枝杆来的，所以我们把这种多级层次的文件夹结构称为树状结构。树状结构目录如图 4-14 所示。

图 4-14　树状结构目录

5．文件和文件夹的基本操作

（1）选定文件和文件夹。

在 Windows 中对文件或文件夹进行操作时，都应遵循"先选定后操作"的规则。选定操作可分为以下几种情况。

① 单个对象的选择：找到要选择的对象→单击该文件或文件夹。

② 多个连续对象的选择：选中第一个文件或文件夹→按住"Shift"键→单击要选中的最后一个文件或文件夹→放开"Shift"键。

③ 多个不连续对象的选择：选定多个不连续的文件或文件夹→按住"Ctrl"键→逐个单击要选定的每一个文件和文件夹→放开"Ctrl"键。

④ 全部对象的选择：按住鼠标左键→在窗口文件区域中画矩形来选中窗口中的所有文件，或者按"Ctrl+A"组合键也可迅速选中全部文件。

（2）创建、重命名文件和文件夹。

创建文件或文件夹的操作是：选定目标位置→右击空白处→在弹出的快捷菜单中选择"新建"命令→选择某种类型的文件或文件夹，如图 4-15 所示。

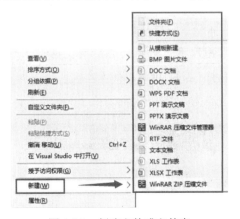

图 4-15　创建文件或文件夹

重命名的操作是：右击要重命名的文件或文件夹→在弹出的快捷菜单中选择"重命名"命令→直接输入新的文件名→按"Enter"键或单击文件（文件夹）以外的其他位置。

（3）删除、恢复文件和文件夹。

当某个文件不再需要时，可以将其删除，以释放硬盘空间来存储其他文件。

删除文件的操作是：选中要删除的文件（可选一个或多个文件）→单击右键→在弹出的快捷菜单中选择"删除"命令。

若要恢复刚刚删除的文件，则需进入"回收站"，右击已删除的文件，在弹出的快捷菜单中选择"还原"命令。

注意：选中要删除的文件后，按"Delete"键也可进行删除操作，按"Shift+Delete"组合键将永久性删除该文件，此时在"回收站"中找不到删除的文件。删除、恢复文件夹的操作类似。

（4）移动、复制文件和文件夹。

在使用 Windows 10 的过程中，有时需要将某个文件或文件夹复制或移动到其他地方。这两个操作都是在选定了文件或文件夹之后的操作。对于文件或文件夹的移动有如下两种方法。

方法 1：直接按住鼠标左键将选中的文件或文件夹拖到目标位置即可。

方法 2：选中文件或文件夹后，按"Ctrl+X"组合键将其剪切至剪贴板中，首先打开目标文件夹窗口，然后按"Ctrl+V"组合键，将其粘贴到目标位置即可。

（5）查找文件和文件夹。

当用户创建的文件或文件夹太多时，如果想查找某个文件或文件夹，而又不知道文件或文件夹存储的位置，则可以通过 Windows 10 提供的搜索框来查找文件或文件夹，如图 4-16 所示。首先在导航栏选定搜索目标，如"计算机"或某个驱动器或某个文件夹，然后在搜索框中输入内容（检索条件），此时 Windows 10 立刻开始检索并将结果显示在文件夹区中。

图 4-16　Windows 10 搜索框

在搜索框中输入的文件名中可以使用通配符"？"和"*"表示具有某些共性的文件。"？"代表任意位置的任意一个字符，"*"代表任意位置的任意多个字符。

例如，*.*代表所有文件；*.exe 代表扩展名为 exe 的所有文件；AB?.txt 代表以 AB 开头的文件名为 3 个字符的所有扩展名为 txt 的文本文件。

4.4　计算机软件组成中蕴含的计算思维

抽象化和模块化是解决大型复杂问题非常有用的方法，它不仅适用于计算机硬件的设计，还适用于计算机软件的设计，如计算机=硬件+软件，硬件=CPU+存储器+I/O 设备，CPU=

运算器+控制器，软件=系统软件+应用软件，这种"系统由多个模块组合而成"是计算机科学领域的重要创新环节。模块组成系统之后，计算过程在系统中又如何执行?两条相邻的指令之间如何无缝衔接?随着硬件的发展和需求的变化，软件也应随之改变，多道程序设计技术和中断技术就是操作系统在管理程序运行过程中不断优化而产生的新技术。

在操作系统发展初期，只能支持单道程序设计技术，即主存一次只能允许一个程序进行运行，在这个程序运行结束前，其他程序不允许使用主存，因此，CPU 和 I/O 设备的利用率都非常低。为了改善这一情况，现代计算机系统引入多道程序设计技术，即允许多个程序（进程）同时驻留主存，系统通过某种调度策略交替执行程序。在单处理器系统中，某时刻只允许一个程序运行。当正在运行的那个程序（进程）因为某种原因（如等待输入或输出数据）暂时不能继续运行时，系统将自动启动另一个程序（进程）运行；一旦原因消除（如数据已经到达或数据已经输出完毕），则暂时停止运行的那个程序（进程）在将来某个时候还可以被调度继续运行。在多处理器系统中，某时刻允许多个任务同时运行，称为多任务并行。与传统的支持单道程序设计技术的计算机系统相比，支持多道程序设计技术的计算机系统能显著提高效率。

现代计算机利用中断技术，支持多任务并发执行。当前正在执行的任务因为某种原因被中断，计算机必须保存中断时的所有信息（称为中断现场)，以便恢复中断执行。例如，当 CPU 执行到某任务的一条数据输入指令时，程序执行被中断，CPU 保存该任务的中断现场，并给相应的输入设备发出数据输入命令，CPU 调度另一个任务执行。当指定设备完成数据输入时，向 CPU 发送一个中断信号，告知其数据输入完毕。CPU 将在适当时候，恢复被中断任务的现场，继续其执行。

习题

1．计算机软件系统可分为哪几类? 简述各类软件的作用。
2．从资源管理的角度看，操作系统应具有什么功能?
3．进程有哪几种状态及它们是怎么相互转换的?
4．简述操作系统的发展过程。
5．列举常用的操作系统有哪些。

第5章

计算平台——计算机网络

21世纪是以网络为核心的信息时代。从广义上讲，网络包括电信网络、有线电视网络和计算机网络。随着信息与通信技术的发展，电信网络和有线电视网络已经融入现代计算机网络技术，扩大了各自的业务范围，计算机网络也能够为用户提供电话或视频通信及视频节目传输等服务。这三种网络在信息化过程中都发挥着十分重要的作用，其中发展最快且起到核心作用的是计算机网络。限于篇幅，本章仅讨论计算机网络（经常简称为网络）。

5.1 计算机网络概述

自20世纪90年代以来，以互联网为代表的计算机网络得到了迅猛发展，已从最初仅供美国使用的教育与科研网络，演变为全球性的商业网络，是目前世界上最大和最重要的计算机网络。

5.1.1 计算机网络的定义

1. 什么是计算机网络

计算机网络正在越来越多地接管以前由单一用途网络执行的功能，所以很难对它进行精确且统一的定义。结合目前的研究现状和发展趋势，计算机网络比较恰当的定义是：计算机网络泛指主要由通用可编程硬件（至少包含CPU）互连形成的网络，它能够传输多种不同类型的数据并且支持广泛且不断增加的网络应用。根据该定义可知：①计算机网络连接的硬件，已经不再局限于传统的计算机（经常称为主机），还包括智能手机、平板电脑、游戏机，以及各种网络化和智能化的终端设备；②计算机网络并非仅完成数据传输与交换，更重要的是能够支持各种应用程序，为网络用户提供丰富而强大的资源或服务。

2. 计算机网络的功能

计算机网络实现以下3个基本功能。

（1）数据通信：这是计算机网络最基本、最重要的功能。通过将分散在不同地理位置的计算机互连起来，进行统一的控制和管理，实现连网计算机之间信息的传输、交换和存储等。

（2）资源共享：共享的资源可以是硬件、软件和数据等。资源共享使得资源互通有无和分工协作，以提高资源利用率并降低成本。

（3）分布式计算：将多台计算机通过网络互连并在统一的管理调度下，协同执行大规模分布式的信息处理任务。云计算是一种分布式计算技术，它是当前计算机网络的重要研究与发展方向。

3．分组交换与存储转发

计算机网络是计算机技术和通信技术相结合的产物；计算机网络采用分组交换方式完成数据交换和网络通信；互联网核心部分的路由器是实现分组交换的关键部件。下面简要介绍分组交换相关概念。

分组交换的主要特点是主机在发起通信之前首先将数据（称为报文）分为许多段，然后在分组交换机之间沿着通信链路传输这些数据段；为了使数据段成功到达目的主机，在每一个数据段的首部（或尾部）附加必要的控制信息，如目的地址和源地址等，这就构成了分组（Packet）。分组交换还使用存储转发机制，即分组交换机先接收分组并临时存储在主存或缓存中，再将分组转发给邻接的下一个分组交换机，如此反复直到分组被送至目的主机。

4．计算机网络的性能指标

计算机网络的性能指标用于从不同方面来度量计算机网络的性能。

（1）带宽。带宽原本是指信号的频带宽度，即信号包含的各种不同频率成分所占用的频率范围。例如，传统电话信号的带宽通常是 3.1kHz，实际上在 300Hz～3.4kHz 之间，即语音信号主要成分的频率范围。在计算机网络中，通信链路可承载的最高数据速率受到数字信道容量的限制。计算机网络的带宽表示通信链路传输数据的能力，即在单位时间内通信链路中的数字信道能够通过的"最高"数据速率，其单位是比特/秒（bit/s 或 bps）。

（2）时延（延迟）。时延是指数据从网络节点（主机或路由器）传输到其他节点总共花费的时间。数据经过多个网络节点传输时会经受各种时延，如处理时延、排队时延、传输时延和传播时延。根据定义，时延和网络节点的数量有关。

需要指出，提高带宽并不能降低时延。提高带宽意味着提高数据的发送速率，它仅降低了传输时延（发送时延），而对传播时延毫无影响，因为传播时延受到客观物理定律的限制。信号在通信链路中传播时，其传播速率取决于通信链路采用的传输介质（如光纤或双绞线），实际值大约为 2×10^8m/s（光纤）或 2.3×10^8m/s（双绞线）。时延的变化程度称为"抖动"，它体现了网络通信的稳定性。

（3）吞吐量。吞吐量表示在单位时间内通过网络（或信道、接口）的实际数据量，其单位也是比特/秒。在现实的网络中，吞吐量实际受到带宽、数字信道噪声、网络硬件和网络运行状况等因素的限制。因此，吞吐量常用于对网络进行测量，以获知实际上有多少数据能够成功通过网络并完成传输。

5.1.2 计算机网络的组成

本书从具体的物理组成和抽象的逻辑组成两个方面介绍计算机网络的组成。

1. 按照具体实现部件划分

（1）硬件：包括节点和连接节点的通信链路。节点通常是：①各种计算机和其他终端设备。此类节点也称为主机或端系统，意味着它们位于网络的边缘或末端；②交换机、路由器、无线接入点和防火墙等网络设备。此类节点位于网络的中间，也称为中间设备，都属于分组交换机。通信链路是网络节点之间的物理线路，由有线传输介质（如光纤或双绞线）或无线传输介质（如电磁波）组成。

（2）软件：运行在硬件中的操作系统和其他应用程序，如运行在计算机或智能手机上的操作系统和互联网浏览器，运行在交换机、路由器和防火墙上的专用网络操作系统等。

（3）协议：协议是网络的核心。类似于道路交通法规管理车辆的行驶，协议规定在网络通信过程中，所有参与者都要遵循的规则或标准。协议通常以软件或软硬件结合的方式运行在网络节点和网络软件中。

2. 按照实现的功能和提供的服务划分

（1）通信子网：由位于网络中间的通信设备、通信链路和网络协议组成，它使网络具有数据传输与交换的基本功能，并实现连网主机之间的数据通信。

（2）资源子网：位于网络边缘并提供共享资源或服务，主要由服务器、存储系统、软件和数据（如数据库）等软硬件组成。共享资源可以通过由专用网络互连的服务器（集群）进行存储和管理，这些服务器和专用网络构成了"数据中心"。

图 5-1 表示一个具有 4 个节点和 3 条通信链路的简单网络，图 5-2 所示的计算机网络称为互连网。

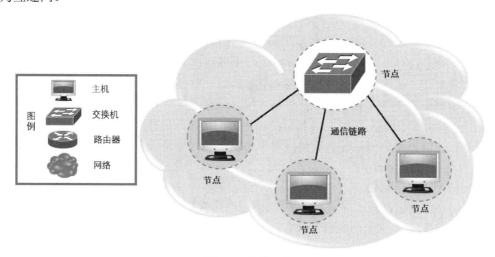

图 5-1　简单网络

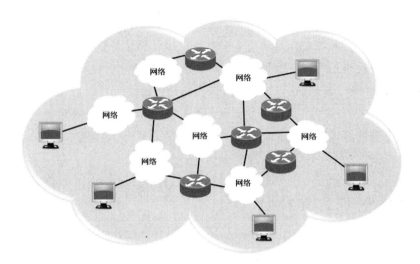

图 5-2　互连网

在图 5-1 中，3 台主机通过 3 条通信链路连接到一台交换机上。在图 5-2 中，多个网络通过路由器和通信链路互连，构成了一个规模更大、更复杂的计算机网络。

需要注意：互连网（internetwork 或 internet）是一个通用名词，泛指由多个计算机网络互连而成的网络；互联网（Internet）则是一个专用名词，特指当前全球最大的、开放式的、由众多网络互连形成的一个互连网，并且它采用著名的 TCP/IP 协议族作为通信规则。

5.1.3　计算机网络的分类

通常根据作用范围大小不同，把计算机网络分为以下 4 类。

1．广域网

广域网的作用范围通常为几十到几千千米，是互联网的主干部分，其任务是通过长距离通信专线（光缆）传输数据，形成国际性的远程互连网。连接广域网节点的一般是高速通信链路，并具有较高的通信容量。

2．城域网

城域网主要是电信公司为了适应城市范围内主机、数据库及局域网互连的需要而开发的，其作用范围一般是一个城市或几个街区。现在的城域网已成为综合性的数据通信网和应用运行平台，不仅可以传输数据、语音、图像和视频等，还可以运行电子政务、网络银行、远程教育、网络电视和电子商务等应用。由于采用了局域网（以太网）和光纤通信技术，城域网也被称为城域以太网，因此本章将城域网并入局域网统一讨论。

3．局域网

局域网一般用个人计算机或工作站通过高速通信链路相连，但局限于较小的地理范围（1km 左右），并通常专属于某个组织结构。局域网已经普遍存在，很多学校和企业可能拥有多个互连的局域网，就是所谓的校园网和企业网。

用户主机通过局域网或有线宽带接入方式连接至城域网，城域网接入互连不同城市的广域网，广域网互连后形成了互联网的主干部分，从而构成了层次结构的互联网。这就是上述三种网络及互联网之间的连接关系。

4．个人区域网

个人区域网也称为个人局域网或个域网。个人区域网是指在个人居住或办公的地方，把属于个人的电子设备（如笔记本电脑和平板电脑等），利用无线通信技术（如蓝牙和Wi-Fi）互连形成的微型网络，其作用范围约为10m。

5.1.4　计算机网络的发展

互联网是世界上规模最大的计算机网络，它的设计与演化影响和推动着计算机网络的发展。因此，计算机网络的发展也可以看作全球互联网的发展。本节首先介绍全球互联网的发展，然后介绍计算机网络在我国的发展。

1．全球互联网的发展

自1983年诞生至今，40年的互联网发展历程可分为以下4个阶段。

第1阶段：从专用网络ARPANET到网络互连。

1969年，美国国防部把4台军事用途的计算机互连起来，形成了世界上第一个计算机网络——广域分组交换网ARPANET。20世纪70年代中期，美国国防部开始研究网络互连技术，如分组无线电网络ALOHANET，它促进了无线局域网和以太网的产生与发展。1983年，TCP/IP协议开始成为ARPANET的标准协议，使得运行TCP/IP协议的计算机都能利用互联网通信，因此人们把1983年视为互联网的诞生时间。

第2阶段：三级结构的互联网。

从1985年起，美国国家科学基金会围绕6个大型计算机中心，建设了国家科学基金网NSFNET。NSFNET是一个三级结构的计算机网络，分为主干网、地区网、校园网与企业网，覆盖了全美国主要的大学和科研机构，成为互联网的主要组成部分。主干网可以实现不同地区间用户的数据通信，地区网可以完成本地区管辖范围内校园网或企业网之间的数据通信。

20世纪90年代初，世界上许多公司纷纷接入互联网，引发网络通信流量急剧增大，致使互联网容量已无法满足需要。因此，美国政府决定把互联网的主干部分交给私有公司来经营，随后很快推动了互联网的高速发展。

第3阶段：全球范围多层次ISP结构的互联网。

互联网迅猛发展的重要原因是欧洲原子核研究机构于1990年左右发明的万维网（WWW）技术被应用于互联网。从1993年开始，NSFNET逐渐被商业互联网替代，于是出现了互联网服务提供商（ISP）。ISP主要提供互联网接入服务和信息业务，如美国的AT&T、Comcast和我国的中国电信、中国联通和中国移动等商业公司都是著名的ISP。

ISP需要从互联网管理机构申请大量IP地址；互联网管理机构通常把整块IP地址有偿租赁给经审查合格的ISP；ISP一般拥有或租用通信线路及路由器等连网设备。因此，组织机构或个人向 ISP 交纳费用后，就可以获取 IP 地址的租用权并通过 ISP 接入互联网。简单地讲，所谓"上网"，是指用户主机通过 ISP 获得 IP 地址并访问互联网上的共享资源或服务。

第 4 阶段：移动互联网和物联网。

人类社会进入 21 世纪以后，随着移动通信网的发展，国际电信联盟（ITU）于 2000 年正式公布了第三代（3G）移动通信标准，开始将无线通信与互联网的多媒体通信相结合；接着在 2002 年发布了移动互联网研究报告 *ITU Internet Reports 2002：Internet for a Mobile Generation*，讨论了移动互联网发展的背景、技术与市场需求，以及手机上网与移动互联网服务。移动互联网开始带领人类进入移动互联的信息社会。

随着感知与智能技术的发展，ITU 于 2005 年发布了物联网研究报告 *ITU Internet Reports 2005：The Internet of Things*，描述了世界万事万物，小到钥匙、手表、手机，大到汽车、楼房，只要嵌入一个微型射频标签或传感器芯片，通过互联网就能够实现"人－机－物"之间的信息交互，从而形成一个无所不在的物联网。物联网推动了云计算和大数据的发展，使人类社会开始进入万物互联时代。

2．计算机网络在我国的发展

计算机网络在我国的发展过程中，出现最早的是广域网，并且经过几十年的发展，广域网已经成为互联网的主干部分。我国最早开始建设广域网的是铁道部（现中国国家铁路集团有限公司），于 1980 年开始进行计算机连网实验。1989 年 11 月，我国建设了第一个公用分组交换网 CNPAC。20 世纪 80 年代后期，公安、银行、军队等部门也相继建立了自己的专用广域网，用于快速可靠地传输重要数据。此外，从 20 世纪 80 年代起，国内许多单位组建了自己的局域网，对各行各业的管理现代化和办公自动化起到了积极的作用。

1994 年 4 月 20 日，我国采用 64 kbit/s 专线正式接入互联网，从此中国被国际承认是接入互联网的国家；同年 5 月，中国科学院高能物理研究所设立了中国的第一个万维网（英文缩写为 WWW 或 Web）服务器；同年 9 月，中国公用计算机互联网 CHINANET 正式启动。到目前为止，我国陆续建造了能够与互联网连接的、全国范围内公用的计算机网络，其中规模较大的如下。

（1）中国电信互联网 CHINANET（原中国公用计算机互联网）。

（2）中国联通互联网 UNINET。

（3）中国移动互联网 CMNET。

（4）中国教育和科研计算机网 CERNET。

（5）中国科学技术网 CSTNET。

2004 年 2 月，我国第一个下一代互联网的主干部分 CERNET2 试验网正式开通，它以 2.5Gbit/s~10Gbit/s 的数据速率连接北京、上海和广州三个 CERNET 核心节点，并与国际下一代互联网连接。这标志着中国在互联网的发展过程中，已逐渐达到国际先进水平。

根据中国互联网络信息中心（CNNIC）在 2022 年 8 月发布的第 50 次《中国互联网络发展状况统计报告》，截至 2022 年 6 月，我国网民已达到 10.51 亿人，互联网普及率达到 74.4%，手机网民的规模已达到 10.47 亿人，域名总数约为 3380 万个；网民使用较多的互联网应用包括即时通信（如微信）、搜索引擎、网络新闻、在线办公、网络支付与购物、网络视频与游戏等。

根据中华人民共和国工业和信息化部在 2023 年 1 月发布的《2022 年通信业统计公报》，截至 2022 年年底，全国光缆线路总长度达到 5958 万千米，互联网国际出口带宽达到 38Tbit/s；数据中心、云计算、大数据、物联网等新兴业务快速发展，在电信业务收入中占比达到 19.4%。

5.1.5 计算机网络的体系结构

计算机网络各层及其协议的集合称为计算机网络的体系结构，是关于计算机网络及其组件应完成功能的精确且抽象的定义，而不涉及网络具体如何实现。一个网络的具体实现需要网络设备与解决方案供应商、网络运营商、网络系统集成商和投资并拥有网络的组织机构等协作完成。

1．网络协议与分层

为了在网络中准确可靠地实现数据通信，必须遵守一系列的规则或标准。这些规则或标准称为网络协议（简称为协议），它规定了所有网络通信实体的共同语言和行动指南。网络协议由以下 3 个要素组成。

（1）语法——数据与控制信息的结构或格式。

（2）语义——需要发出何种控制信息，完成何种动作及做出何种响应。

（3）同步——事件实现顺序的详细说明。

互联网研究与发展的成功经验表明，网络协议的结构应该是层次式的。划分层次的好处是，各层之间相对独立、灵活性高和结构上可拆分，整个系统易于实现、维护和标准化等。网络分层要注意层次的清晰程度、运行效率、层次数量等问题。一般而言，网络各层通常需要完成以下基本功能。

（1）差错控制——使相应层次对等方的通信更加可靠。

（2）流量控制——发送端的发送速率必须使接收端来得及接收。

（3）分段和重装——发送端将要发送的数据划分为更小的单位，在接收端将其还原。

（4）复用和分用——发送端几个高层会话复用一条低层的连接，在接收端再进行分用。

（5）连接的建立和释放——交换数据前建立一条逻辑连接，数据传输结束后释放连接。

2．五层协议的计算机网络体系结构

在计算机网络发展进程中，为了使不同体系结构的网络能够互相兼容协同工作，国际标准化组织（ISO）于 1977 年成立专门机构，提出一个试图使各种计算机网络在全世界范围内互联互通的标准框架，即开放系统互连参考模型 OSI/RM（简称为 OSI），并于 1983 年形成了正式文件，即著名的 OSI 七层协议体系结构，如图 5-3（a）所示。

目前已占据主导地位的互联网，在其发展早期采用的是 TCP/IP 四层协议体系结构，如图 5-3（b）所示。TCP/IP 体系结构包含应用层、传输层、网际层和网络接口层（四层结构）及相关的大量协议，统称为 TCP/IP 协议族或协议栈。在四层结构的 TCP/IP 协议族中，最重要、最著名的就是 TCP 和 IP 协议。

OSI 七层协议体系结构概念清楚、理论完整，但是它既复杂又不实用，而 TCP/IP 四层协议体系结构早已得到了广泛的应用和发展。因此在学习计算机网络过程中，通常借鉴 OSI 参考模型的七层结构，将 TCP/IP 四层协议体系结构的网络接口层划分为物理层和链路层，从而形成图 5-3（c）所示的五层协议体系结构。

以下结合互联网的发展现状，自顶向下地简要介绍网络各层的基本概念。

（1）应用层。

应用层是网络应用和应用层协议存在的地方。应用层包括一些著名的协议，如超文本传输协议 HTTP（Web 文档的请求和传输）、简单邮件传输协议 SMTP（电子邮件报文的传输）和域名系统 DNS（域名和 IP 地址之间的映射）等。应用层协议分布在多台主机上。一台主机的应用程序使用应用层协议和另一台主机的应用程序交换的分组通常称为报文。

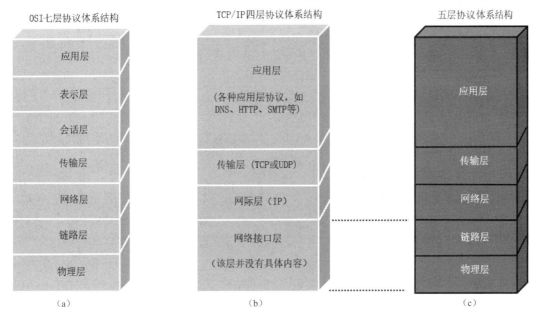

图 5-3　三种不同的计算机网络体系结构

（2）传输层。

传输层（也称为运输层）在网络应用程序端点之间传输应用层报文，存在传输控制协议（TCP）和用户数据报协议（UDP）两种传输层协议。

TCP 协议为应用程序提供面向连接的服务，以确保应用层报文向目的地的传输和流量控制。TCP 协议将较长的应用层报文划分为较短的报文段，并提供拥塞控制机制。因此当网络拥塞时，发送方的传输层抑制其传输速率。

UDP 协议为应用程序提供无连接服务，意味着它不提供非必要功能，如可靠性、流量控制、拥塞控制等。作为一种简单且不可靠的传输层协议，UDP 协议很适合传输性能比可靠性或完整性更重要的互联网应用，如域名系统 DNS 和网络电话或视频等。

（3）网络层。

网络层负责将分组（也称为数据报）从一台主机（或路由器）移动到另一台主机。发送方的传输层协议向网络层递交传输层报文段和目的地址，就像通过邮政服务寄信时要提供收件人地址那样。网络层包括著名的网际协议 IP，它定义了 IP 分组的各个字段（如 IP 地址），以及主机如何使用这些字段。网络层还包括路由选择协议，它负责选择最佳路径并转发 IP 分组。

为了更加有效地转发 IP 分组并提高其成功交付的概率，网络层使用网际控制报文协议（ICMP），它允许主机或路由器报告差错情况和提供有关异常的报告。网络诊断工具 Ping 和路由跟踪实用程序 Tracert 是 ICMP 协议的典型应用，它们用于检测网络的连通性和排查网络故障，已集成至 Windows 操作系统中并成为重要的网络实用程序。

（4）链路层。

网络层为了将 IP 分组从一个节点沿着最佳路径移动到下一个节点，必须依靠链路层（也称为数据链路层）的服务，如将网络层的 IP 分组封装成链路层的帧。特别是在每个节点（主机或路由器），网络层将 IP 分组下传给链路层，链路层沿着路径将帧传递给下一个节点；在下一个节点，链路层将帧上传给网络层来处理。

链路层提供的服务取决于特定的链路层协议。例如，某些协议基于通信链路提供可靠的传输，从发送节点跨越一条通信链路到接收节点。链路层的实例包括以太网、Wi-Fi 和点对点协议等。当帧从源到目的地传输时，通常需要经过几条通信链路，一个帧可能由不同通信链路上的特定链路层协议来处理，网络层接受来自不同链路层协议的特定服务。

（5）物理层。

物理层将链路层帧中的多个比特从一个节点移动到下一个节点。物理层协议和通信链路的传输介质（如双绞线和光纤）相关，如以太网既有双绞线相关的物理层协议，又有光纤相关的物理层协议。因此在跨越通信链路移动一个比特时，实际上很有可能以不同方式进行。

需要指出，现在互联网采用的 TCP/IP 体系结构在少数情况下演变成图 5-4 所示的形式。

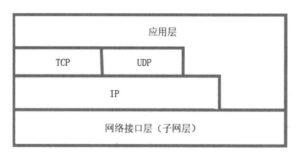

图 5-4　TCP/IP 体系结构的一种表示方法

图 5-4 表明，某些应用程序可以直接使用网际层，甚至直接使用最下面的网络接口层。还有一种描述方法，即分层次地描绘具体协议来表示 TCP/IP 协议族，如图 5-5 所示。

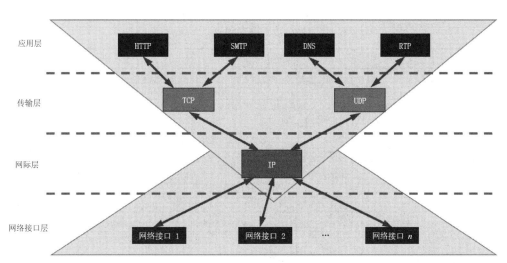

图 5-5 沙漏计时器形状的 TCP/IP 协议族

图 5-5 的特点是上下两头大而中间小：应用层和网络接口层都有多种协议，而中间的网际层很小，上层的各种协议都向下汇聚到一个 IP 协议中。这种沙漏计时器形状的 TCP/IP 协议族表明：网际层可以支持多种传输层协议（尽管图 5-5 中只有 TCP 和 UDP 协议），不同的传输层协议上面可以有多种应用层协议（Everything over IP），IP 协议也可以在多种类型的网络上运行（IP over Everything）。正是因为如此，互联网才会发展到今天的惊人规模。

5.2 局域网

局域网自 20 世纪 70 年代末开始发展，其核心技术是以太网。由于在成本、通用性、灵活性、可靠性和可扩展性等方面极具优势，以太网技术已经推广至城域网、工业生产与过程自动化和车载网络领域，从而形成了城域以太网、工业以太网和车载以太网。因此，以太网在计算机网络中占有极其重要的地位，也是本节的核心内容。

5.2.1 以太网技术

1. 概述

美国 Xerox 公司的 Palo Alto 研究中心在 1975 年首次成功研发以太网（Ethernet），并于 1982 年联合 Intel 和 DEC 公司提出世界上第一个局域网技术规范 DIX Ethernet。在此基础上，美国电气与电子工程师协会（IEEE）的下属机构 IEEE 802 委员会的 802.3 工作组，于 1983 年制定了第一个以太网标准 IEEE 802.3，其数据速率为 10Mbit/s。以太网的两个标准 DIX Ethernet 与 IEEE 802.3 仅有细微差异，因此人们经常把 IEEE 802.3 局域网称为以太网。实际上严格地讲，以太网是指符合 DIX Ethernet 标准的一种局域网技术规范。自 20 世纪 90 年代以来，随着双绞线、光纤和以太网交换机的推出和发展，以太网在局域网市场中很快占据了主导地位，并且已产生表 5-1 所示的重要变化。

表 5-1　早期的以太网和现代以太网的对比

	早期的以太网	现代以太网
传输介质	同轴电缆	双绞线和光纤
通信设备	集线器	交换机
拓扑结构	总线型	星型或树状
信号冲突（碰撞）	有	无
介质访问控制协议	使用 CSMA/CD 协议	很少使用 CSMA/CD 协议
双工模式	半双工	全双工（很少使用半双工）
速率（bit/s）	10M	100M、1G、10G、40G/100G
帧结构和接口	保持不变、向下兼容	

迄今为止已诞生 40 多年的以太网，在 IEEE 802.3 工作组和工业界的共同推动下持续演进，已形成表 5-2 所示的一些不同类型的以太网。

表 5-2　一些不同类型的以太网

数据速率	常用名称	正式的 IEEE 标准名称	线缆类型	最大传输距离
100Mbit/s	快速以太网	802.3u	双绞线	100m
1Gbit/s	吉比特以太网	802.3z	光纤	5000m
	或千兆以太网	802.3ab	双绞线	100m
10Gbit/s	10 吉比特以太网	802.3an	光纤	10km 或
	或万兆以太网			40km
40Gbit/s	40 吉比特以太网	802.3ba	光纤	
100Gbit/s	100 吉比特以太网			

2．相关概念

下面简要介绍以太网的基本概念，包括拓扑结构、介质访问控制（MAC）协议、双工模式、MAC 地址和虚拟局域网等。以太网的传输介质和通信设备见本章的 5.2.2 节。

（1）拓扑结构。

由于令牌环网和令牌总线网这两种局域网技术早已退出局域网市场，双绞线、光纤和交换机已取代局域网早期使用过的同轴电缆和集线器，总线型拓扑结构的以太网基本消失，因此星型和树状是目前常用的局域网拓扑结构，如图 5-6 所示。

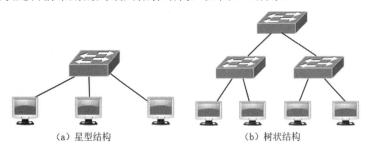

図 5-6　局域网的两种常用拓扑结构

星型结构局域网的突出优点是结构简单和管理维护方便，缺点是线路利用率低、对中心节点（交换机）的可靠性和冗余度要求较高，并且安装维护费用高。

树状结构局域网实际上是一种分层结构，它扩展了星型结构局域网，非常适合分级管理和控制整个局域网系统。

与星型结构局域网相比，虽然树状结构局域网成本低、易推广，但是其结构复杂，而且除叶节点及其连线外，任意节点或线路的故障均影响对应分支网络的正常运行。因此，在中小型局域网规划设计时，业内经常采用图 5-7 所示的分层设计模型。

分层设计模型将局域网至少划分成 2 个模块化的层次（如核心层和接入层），允许每一层实施特定的功能，这样有助于将网络故障限制或隔离在局部，并且可以简化网络管理并提高网络的恢复能力和可靠性。

规模较大的局域网称为园区网，它是一种在有限的地理范围（整个园区）互连的多个局域网构成的网络，其规模介于局域网和城域网之间。常见的园区网包括校园网和企业网。图 5-7 就是一种简化的园区网设计模型，它非常适用于校园网或企业网。

（2）MAC 协议。

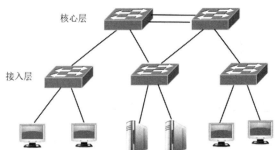

图 5-7　分层设计模型

MAC 协议是为解决使用共享广播信道的局域网在通信过程中产生竞争或冲突时，如何分配信道使用权的问题而提出的。以太网 MAC 协议即"载波监听多路访问/冲突检测"（CSMA/CD）协议，其要点如下。

多路访问：说明是总线型网络，即许多计算机连接在一条通信总线上。

载波监听：就是"边发送边监听"。不管是在发送数据之前还是在发送数据过程中，每个节点都必须不断地检测信道。在发送前检测信道是为了避免冲突，如果检测出已经有其他节点在发送数据，那么本节点暂时不发送数据。

冲突检测：意味着在发送过程中检测信道；如果发现有其他节点也在发送数据，就立即中断本节点的数据发送，以避免发生冲突。

CSMA/CD 协议的核心是载波监听和冲突检测。

（3）双工模式。

全双工模式是指当数据的发送和接收分别由两个不同的信道执行时，通信双方都能在同一时刻发送数据或接收数据。作为对比，半双工模式是指一个信道既用于接收数据又用于发送数据，即数据在两个方向上交替地发送或接收，但是通信双方无法同时接收数据或发送数据。

在局域网发展的早期，由于使用同轴电缆和集线器，因此局域网实际上是总线型拓扑结构；为解决冲突采用 CSMA/CD 协议后，局域网就只能以低效的半双工模式运行。对于目前主流的星型或树状结构局域网，它们不使用共享总线进行通信，所以不存在冲突问题，也就不再需要 CSMA/CD 协议，从而能以高效的全双工模式运行。以太网的成功经验表明，只要帧结构和接口符合 DIX Ethernet 标准就仍然是以太网，与是否采用 CSMA/CD

协议无关。

（4）MAC 地址。

局域网同时涉及链路层和物理层，链路层又划分为逻辑链路控制层和 MAC 层两个子层。以太网主要工作在链路层，并且它早已淘汰了其竞争对手令牌总线网和令牌环网，导致逻辑链路控制层及其协议已经失效，从而很多（以太）网卡仅支持 MAC 协议。

用于标识局域网内主机（或交换机）的链路层地址称为 MAC 地址，也称为硬件地址或物理地址。IEEE 802 标准为局域网规定了一种全球唯一的 48 位 MAC 地址，它被固化在网卡的 ROM 中并以 12 个十六进制数存储，如 00-16-EA-AE-3C-40。因此，如果一台主机（或交换机）配有多个网卡（或接口），则每个网卡（或接口）都拥有一个 MAC 地址，这台主机（或交换机）就拥有多个 MAC 地址。

网卡在收到交换机发送的帧后，先用硬件检查帧的目标 MAC 地址；如果是发送给自己（本主机）或全体主机的帧，则接收后再处理，否则就丢弃该帧。这就是网卡的帧过滤功能。

交换机根据 MAC 地址表来转发帧。MAC 地址表记录着交换机的接口和主机的 MAC 地址之间的关联信息，即交换机的某个接口和通过该接口连接至本交换机的某台主机的 MAC 地址。MAC 地址表由交换机自动构建并动态更新，因为一台主机未必始终固定连接在某台交换机（的某个接口）上。简要地讲，当交换机从某个接口收到由某台主机或其他交换机发送的帧时，先用硬件检查帧的目标 MAC 地址，并在 MAC 地址表中进行对比；如果是发送给连接在本交换机其他（或所有）接口的主机的，则转发给目的（或所有）主机，否则过滤（丢弃）该帧。交换机过滤帧的常见原因是帧长度不合法、有残缺或错误等。

（5）虚拟局域网。

当局域网规模较大时，如果交换机在局域网中转发过多的广播消息（广播风暴），则会消耗网络带宽，甚至导致交换机无法正常工作。在少数情况下，局域网的硬件错误或故障会导致广播风暴，然而恶意程序和网络攻击是造成广播风暴的主要原因。防范广播风暴的重要技术措施就是虚拟局域网（VLAN）。

VLAN 是将一个物理的局域网在逻辑上划分成多个广播域的通信技术。每个 VLAN 是一个广播域，在相同 VLAN 内的主机就像在同一个局域网中那样可以互相通信，而不同 VLAN 内的主机不能（直接）互相通信，因此广播消息被限制在单个 VLAN 内。VLAN 技术已经普遍应用于局域网中。

5.2.2　局域网的组成

相对简单的局域网主要由硬件和软件组成。局域网硬件分为计算机、传输介质和通信设备；局域网软件包括操作系统和协议。

1．计算机

局域网用户使用的计算机也称为客户机或工作站，通常配备网卡并通过传输介质与网络相连。服务器是局域网中拥有和管理共享资源或服务的专用计算机，通过网络与多台客户机相连，以便用户访问共享资源，如文件、打印机和数据库。因此，服务器在处理能力、可靠性、安全性、可扩展性、可管理性等方面要求较高。在局域网环境下，根据提供的共享资源的类型和作用不同，服务器可分为文件服务器、数据库服务器、应用程序服务器等。

2．传输介质

局域网通常采用双绞线（俗称网线）互连计算机和通信设备。

双绞线由两根绝缘的铜线组成，并以规则的螺旋状绞合在一起，目的是降低相邻铜导线的电磁干扰。通常将许多双绞线捆扎在一起并包上护套形成线缆，并在外表覆盖金属材质的屏蔽层（屏蔽双绞线），以提高线缆对外部电磁干扰的抑制能力。与屏蔽双绞线相比，没有屏蔽层的非屏蔽双绞线的抗干扰能力较弱，但是它比屏蔽双绞线价格更低，而且布线施工更方便，因此普通用户大多使用非屏蔽双绞线。常见的双绞线如表 5-3 所示。

表 5-3　常见的双绞线

类型	带宽	最高传输速率（最大传输距离）
5	100MHz	100Mbit/s（100m）
5E（超 5 类）	125MHz	1Gbit/s（100m）
6	250MHz	10Gbit/s（35~55m）
6A	500MHz	10Gbit/s（100m）
7（必须使用屏蔽双绞线）	600MHz	超过 10Gbit/s（100m）
8（必须使用屏蔽双绞线）	2000MHz	20Gbit/s 或 40Gbit/s（30m）

对于所有类型的双绞线，信号衰减都随着载波频率的升高而增大，导致最大传输距离随着载波频率的升高而减小。除抗干扰能力外，双绞线的最高传输速率还与数字信号的编码方法有关。虽然与光纤相比，双绞线在最大传输距离、最高传输速率和抗干扰等方面均受更多的限制，但是它制造简单、价格低廉并且兼容性好，在中小型局域网中依然得到了广泛应用。对于规模更大或作用范围更广的园区网，尤其是在需要长距离的高速通信时，一般采用光纤作为传输介质构成通信链路，而不是传统的双绞线。

3．通信设备

局域网通信设备主要是网卡和交换机。

（1）网卡。网卡是网络接口卡的简称，也称为网络适配器，它实际内含处理器和存储器（RAM 和 ROM）。网卡的作用如图 5-8 所示。

网卡和局域网间的通信是通过双绞线以串行传输方式进行的，而网卡和计算机之间的通信是通过主板上的 I/O 总线以并行传输方式进行的。因此，网卡及其驱动程序除实现 MAC 协议外，还要执行数据串行传输和并行传输之间的转换。由于网络的数据速率和总线的数据速率并不相同，所以网卡通常包含可以缓存帧的存储芯片。

网卡在接收或发送帧时，并不使用计算机的 CPU。当网卡收到错误帧时，就把错误帧直接丢弃而不必通知计算机。当网卡收到正确帧时，采用中断方式来通知计算机并传输至网络层。当计算机要发送 IP 分组时，向下交给网卡并组装成帧后才会发送至局域网。

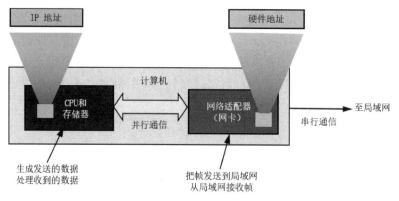

图 5-8 网卡的作用

（2）交换机。交换机内含专用的交换结构芯片，并采用硬件高速转发帧。交换机外部通常有十几个或更多的接口（或端口），每个接口直接与一台主机或交换机相连，并且一般工作在全双工模式下。交换机具有并行性，也就是同时连接多对接口，使多对主机能够同时通信并且互不影响。交换机的接口含有存储器，能够在接口繁忙时把发来的帧先缓存起来。

和相对复杂昂贵的路由器不同，交换机的主要优点是简单、即插即用，经常无须配置即可正常工作。如果局域网用户需要访问互联网，那么局域网通信设备至少还要加上路由器，它用于将局域网接入互联网，有关内容详见 5.3 节。

4．操作系统

现代主流操作系统早已具备运行 TCP/IP 协议的能力，所以不需要特指某个操作系统是网络操作系统。为了严谨起见，本节讨论的操作系统特指运行在局域网内客户机或服务器上的操作系统。对于服务器操作系统，除具备数据通信基本功能外，更重要的是对局域网内共享资源和用户及其安全性进行管理和控制。

微软公司的 Windows Server 操作系统具有高度可靠性、可用性、可伸缩性和安全性的优势，已成为构建互联应用、网络和 Web 服务基础结构的系统软件平台。所以在组建相对简单的中小型局域网时，操作系统通常采用 Windows 系列，如客户机或工作站安装运行 Windows 10 或 Windows 11，服务器安装运行 Windows Server 2019 或 Windows Server 2022。

5．协议

除 TCP/IP 协议外，局域网中还使用服务器消息块（SMB）协议。SMB 协议是微软和 Intel 公司于 1987 年联合制定的一种工作于客户机/服务器模式的网络文件共享协议，用于规范网络共享资源（如目录、文件、打印机）的结构和访问。SMB 协议可以在 TCP/IP 或其他协议上使用并提供了良好的兼容性，能够支持智能电视、智能手机和移动存储设备等。当使用 SMB 协议时，用户能够访问远程服务器上的文件或其他资源，应用程序可以读取、创建和更新远程服务器上的文件。

值得关注的是，资源共享容易引发网络安全问题。例如，根据国家互联网应急中心于 2017 年 5 月 13 日发布的《关于防范 Windows 操作系统勒索软件 Wannacry 的情况通报》，互联网上出现的勒索软件 Wannacry 利用 Windows SMB 服务漏洞攻击手段，通过网络进行渗透传播并向用户勒索比特币或其他价值物，致使很多国内用户受到攻击，并对我国的互联网构成比较严重的安全威胁。因此，在进行网络资源共享时需要谨慎处理。

5.2.3 无线局域网

无线局域网（WLAN）是使用无线电磁波作为传输介质的局域网，其覆盖范围一般只有几十米。WLAN 的主干一般采用有线传输介质，用户通过一个或多个无线接入点（无线 AP）接入 WLAN。WLAN 现在已经广泛部署在商务区、大学、机场和图书馆等场所。

根据组网模式不同，WLAN 分为两类：有基础设施的 WLAN 和无基础设施的 WLAN。有基础设施的 WLAN 采用由 IEEE 制定的一系列 WLAN 通用协议——IEEE 802.11 标准。不太严格地讲，Wi-Fi（移动热点）是指采用 IEEE 802.11 标准的 WLAN。无基础设施的 WLAN 也称为自组织网络，它的子集无线传感器网络主要应用于物联网。限于篇幅，本文仅介绍有基础设施的 WLAN 的组成结构和协议标准。

1. 组成结构

基础设施是指无线通信网系统的基站，在 WLAN 中称为站点，也就是无线 AP。WLAN 的所有成员都通过无线 AP 进行通信。现在的无线 AP 往往具有 100Mbit/s 或 1Gbit/s 的端口，用于连接有线以太网和互联网。为了方便访问互联网，个人或家庭使用的无线 AP 还集成了交换机和路由器的部分功能，即所谓的无线路由器。除具有路由与交换基本功能外，无线路由器还拥有 IP 地址动态配置、网络地址转换、域名系统、防火墙和安全加密等扩展功能。由于对网络的可靠性和稳定性要求更高，因此园区网中的无线 AP 和路由器一般是分开的。

服务集（也称为服务单元）是一组互连的无线网络设备，并使用服务集标识符（SSID）作为识别。根据架构模式不同，服务集分为基本服务集和扩展服务集。最简单的基本服务集可以仅由两个无线 AP 组成，其 SSID 就是无线 AP 链路层的 MAC 地址。扩展服务集由分配系统和基本服务集组成，其 SSID 是一个最长 32 字节并且区分大小写的字符串，表示无线网络的热点名称。多个无线 AP 可以拥有同一个扩展服务集 SSID，这样就能够对无线上网用户提供节点间漫游的特性。基本服务集 SSID 必须唯一，因为链路层的 MAC 地址总是唯一的。

分配系统用于连接不同的基本服务集，其作用是使扩展服务集对上层的表现就像一个基本服务集那样。分配系统可以使用以太网（最常用）、点对点链路或其他无线网络。IEEE 802.11 标准定义了分配系统应该提供的基本服务，如关联（建立连接）、分离（结束连接）、身份验证和数据传输等。

扩展服务集模式中还包括门户，它相当于交换机，用于将 WLAN 和有线局域网或其他网络进行互连。因此，WLAN 是传统有线局域网的扩展或延伸。

2. 协议标准

IEEE 802.11 标准定义了 WLAN 的物理层和介质访问控制 MAC 层，然而实际上它比较复杂，因此本文仅简介如下。

IEEE 于 1997 年发表了第一个 WLAN 原始标准 IEEE 802.11，其工作频段是 2.4GHz，最高数据速率仅为 2 Mbit/s。自 1999 年开始至今，IEEE 不断对 802.11 标准进行修订或补充，从而形成了一系列 WLAN 物理层标准，如表 5-4 所示。

表 5-4　IEEE 802.11 WLAN 物理层标准

年份	标准	别名	工作频段	最高数据速率
1999 年	802.11b	Wi-Fi 1	2.4GHz	11Mbit/s
1999 年	802.11a	Wi-Fi 2	5GHz	54Mbit/s
2003 年	802.11g	Wi-Fi 3	2.4GHz	54Mbit/s
2009 年	802.11n	Wi-Fi 4	2.4/5GHz	600Mbit/s
2014 年	802.11ac	Wi-Fi 5	5GHz	7Gbit/s
2019 年	802.11ax	Wi-Fi 6	2.4/5GHz	9.6Gbit/s
2020 年		Wi-Fi 6E	2.4/5/6GHz	
202? 年	802.11be	Wi-Fi 7	2.4/5/6GHz	暂未确定

当前主流的 IEEE 802.11ax 标准向下兼容 IEEE 802.11a/b/g/n/ac 等标准，它重点解决在 Wi-Fi 和人员都很密集的环境（如火车站和飞机场）中如何保持智能手机连网通畅的难题。目前正在研究发展的 Wi-Fi 7，也称为极高吞吐量的 IEEE 802.11be，具有低时延和抖动的优点，对视频会议/监控、实时游戏、远程医疗等网络应用具有重要意义。

IEEE 802.11 标准定义的 WLAN 的 MAC 层采用 CSMA/CA 协议，即"载波监听多路访问/冲突避免"协议。在有线的以太网中，冲突产生的影响并不严重。在 WLAN 中不使用 CSMA/CD 协议的主要原因是：一旦开始发送数据，就一定要把整个帧发送完毕；并非所有的无线 AP 都能够检测到对方（如有障碍物遮挡），导致无法检测到冲突；一旦发生冲突，对无线通信信道资源的浪费比较严重。CSMA/CA 协议的设计原则是尽量减少冲突发生的概率。

5.3　互联网

目前我们正处于互联网时代。个人的电子设备如何接入互联网？需要哪些设置才能访问互联网？互联网提供了哪些共享资源或服务？这是很多人都比较关心的问题。

5.3.1　互联网基础

1. 互联网的组成与结构

互联网的拓扑结构总体上是不规则的网状结构。从工作方式上看，互联网由边缘部分和核心部分组成。图 5-9 描述了互联网的组成。

互联网的边缘部分主要是连接在互联网上的主机，这些主机运行各种互联网应用程序，如 Web 浏览器和电子邮件客户端程序。主机还可以分为客户机和服务器。粗略地讲，客户机通常是个人计算机、笔记本电脑和智能手机等；服务器是更为强大的计算机，用于存储和发布 Web 页面和视频等，并通常位于互联网数据中心。

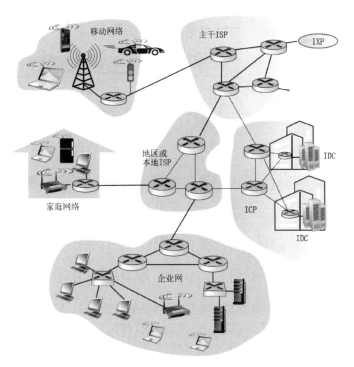

图 5-9　互联网的组成

　　互联网的核心部分主要由大量网络和连接这些网络的路由器、交换机和通信链路等组成，它们为边缘部分提供服务，如连通性和数据交换。

　　互联网内容提供商（ICP）是在互联网上以文字、图像、音频和视频等形式，提供如搜索引擎、虚拟社区、电子邮箱、新闻娱乐等内容服务的网站经营者。例如，新浪、搜狐和网易等互联网公司都是我国著名的 ICP。ICP 要通过 ISP 接入互联网，并将 ICP 的互联网数据中心的服务器连接至互联网。

　　互联网数据中心（IDC）为用户提供互联网基础平台服务，如服务器托管、虚拟主机、邮件缓存、虚拟邮件，以及各种增值服务，如场地租用、域名系统、负载均衡、数据库系统、数据备份服务等。中国电信、中国联通和世纪互联数据中心有限公司都是我国著名的互联网数据中心服务商。

　　互联网交换中心（IXP）的作用是允许两个 ISP 直接相连并交换分组，而无须借助第三方网络。IXP 使得互联网上的流量分布更加合理、减少了分组转发的时延和降低了分组转发的费用等。我国最早于 2000 年左右，在上海、北京、广州三地设立了互联网主干直连点和 IXP；从 2019 年起，我国开始启动新型 IXP 试点；2021 年 12 月 20 日，国家（上海）新型 IXP 在中国（上海）自由贸易试验区揭牌并正式启动运营。

　　从互联网的组成可以看出，互联网的核心部分已形成全球范围的多层次 ISP 结构，它是移动互联网和物联网的重要组成部分。互联网的多层次 ISP 结构如图 5-10 所示。

　　根据提供服务的覆盖范围大小及拥有的 IP 地址数量不同，ISP 分为 3 个层次：主干 ISP、地区 ISP 和本地 ISP。

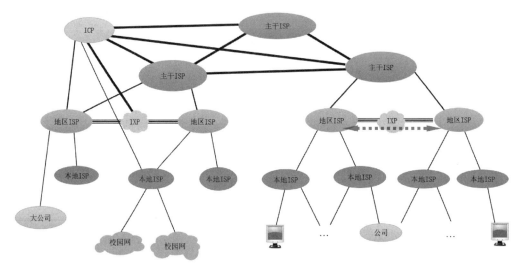

图 5-10　互联网的多层次 ISP 结构

主干 ISP 由专门的网络运营商创建和维护，服务范围最大（国家级）并且拥有高速主干网（如 10Gbit/s 或更高）。地区 ISP 是规模较小的 ISP，通过一个或多个主干 ISP 互连，其数据速率略低。本地 ISP 也称为接入 ISP，通常为本地用户提供互联网接入服务，它可以连接到地区 ISP，也可以直接连接到主干 ISP；本地 ISP 可以仅提供互联网接入服务，也可以拥有自己的网络并提供服务，或者运行自己的网络（如校园网等）。

2. 互联网的接入方式

将用户主机通过本地 ISP 接入互联网的网络称为接入网或本地接入网，它只是本地 ISP 拥有的网络，并不是互联网的核心或边缘部分。接入网借助通信链路及相关网络设备，将用户主机连接至互联网的边缘路由器。边缘路由器是主机到达其他远程主机或服务器的路径上的第一台路由器。简单地讲，边缘路由器的 IP 地址就是接入互联网的主机的默认网关。在主机与任何其他网络通信时，都必须配置默认网关这个协议参数。

互联网的接入方式普遍采用宽带接入技术，因此接入网也称为宽带接入网。根据接入链路的传输介质不同，宽带接入分为有线（固定）宽带接入和无线宽带接入，后者包括 WLAN 和蜂窝移动通信技术 LTE 4G 和 5G 等。限于篇幅，本文仅讨论有线宽带接入方式，它包括以下两种。

（1）家庭用户接入。

在互联网接入技术发展的早期，家庭用户通过当地的公共交换电话网或有线电视网接入互联网，这就对应着两种互联网接入方式：非对称数字用户线（ADSL）接入和光纤与同轴电缆接入。用户从提供电话接入与通信服务的电话公司获得 ADSL 接入，此时电话公司是用户的 ISP；用户从提供有线电视广播服务的有线电视公司获得光纤与同轴电缆接入，此时有线电视公司是用户的 ISP。

随着互联网流量的持续增长，尤其是网络视频的流行，家庭用户普遍采用更有前途的光纤接入方式连接互联网。光纤的高带宽不仅可以为用户提供高速的互联网接入，还能提供可视电话、有线电视、视频点播和监控等业务。第 50 次《中国互联网络发展状况统计报告》表明，截至 2022 年 6 月，我国光纤接入（FTTH/FTTO）用户规模达 5.34 亿户，占固定互联网宽带接入用户总数的 94.9%。

现已存在多种光纤接入方式，它们统一简称或缩写为 FTTx，其中常见的是光纤到户（FTTH）和光纤到办公室（FTTO）。为了有效地利用光纤资源，在光纤干线和用户之间广泛采用无源光网络。因为无源光网络无须配备电源，其长期运营成本和管理成本都很低。图 5-11 显示了具有无源光网络结构的 FTTH/FTTO。

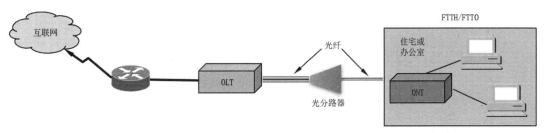

图 5-11　具有无源光网络结构的 FTTH/FTTO

每个家庭都有一个光纤网络端接器（ONT），ONT 通过专用光纤连接到附近的光分路器。光分路器（也称分光器）把多个家庭连接到一根共享的光纤，共享光纤再连接到本地电信公司的光纤线路端接器（OLT）。OLT 提供光信号和电信号之间的转换，并经过本地电信公司的路由器与互联网连接。家庭用户将一台家用路由器（通常是无线路由器）与 ONT 相连，并经过这台路由器接入互联网。

（2）组织机构接入。

在大学校园或企事业单位中，可以使用以太网技术将内部局域网连接到互联网的边缘路由器，这样局域网中主机通常至少以 100Mbit/s 的数据速率接入交换机，而服务器通常至少具有 1Gbit/s 的接入速率。在这种情况下，校园网或企业网就相当于本地 ISP，为用户提供互联网接入服务。与相对简单的局域网不同，接入网需要解决远端馈电、接入端口控制、用户隔离、认证计费等问题。为此在原有以太网基础上，接入网增加了新内容并形成了自己的技术标准。

3．IP 地址和域名系统

在 TCP/IP 协议体系中，IP 地址是最基本的概念。一台接入互联网的主机或路由器，如果没有 IP 地址则无法完成数据通信；主机（特别是服务器）通常还拥有一个域名（如 www.baidu.com）。人类习惯便于理解和记忆的域名，而路由器使用具有固定长度和层次结构的 IP 地址，因此需要执行域名和 IP 地址之间的映射（解析），这就是域名系统（DNS）的主要功能。

（1）IP 地址。

IP 地址是为接入互联网的所有主机（或路由器）的每一个网卡（或接口），指定的一个在互联网范围内唯一的标识符，它由互联网名字和数字分配机构进行分配，如 CNNIC 负责分配我国的 ISP、IDC、ICP 和企事业单位的 IP 地址。IP 地址是 32 或 64 位的二进制数，称为 IPv4 或 IPv6 地址，前者共有约 43 亿个，后者的数量是 2^{128} 个（可视为无穷大）。IPv6

地址比较复杂并且通常由操作系统自动配置，而 IPv4 地址需要手工设置。本节仅介绍 IPv4 地址相关概念。为简洁起见，下面经常用 IP 地址来指代 IPv4 地址。

为了提高可读性，在 IP 地址中每隔 8 位插入一个空格，将其分成 4 段数字。为便于书写和记忆，还采用十进制数表示并且在每段数字之间加上小数点，即点分十进制记法，如128.14.35.7 表示了一个 IP 地址。

IP 地址不仅标识了一台主机或路由器，还指明了所在的网络。在互联网发展的早期，IP 地址的编址方法是采用两级结构并由两个字段组成：网络号和主机号。网络号标识主机或路由器所连接的网络，它在整个互联网范围内是唯一的；主机号标识主机或路由器，它在所连接网络的局部范围内是唯一的。表 5-5 所示为两级结构 IP 地址的记法和示例。

表 5-5　两级结构 IP 地址的记法和示例

长度	n 位	$(32-n)$ 位
示例（$n=16$）	1000000000001110	0010001100000111
IP 地址和子网掩码	128.14.35.7　255.255.0.0	
网络地址	128.14.0.0	

在表 5-5 中，如果网络号的长度固定取值为几个常数，则这种 IP 地址编址方法称为分类编址，也就是 A 类（$n=8$）、B 类（$n=16$）、C 类（$n=24$）等。子网掩码用于根据 IP 地址快速计算对应的网络地址，也就是网络号。网络地址是对子网掩码和 IP 地址执行二进制 AND 操作后得到的结果。IP 地址必须和子网掩码成对出现才有意义，否则仅通过 IP 地址无法获知其网络地址和网络规模的大小。

对于已经成为历史的分类编址方法而言，其优点是管理简单并且使用方便，但是比较浪费 IP 地址。为此，人们提出了分类编址方法的改进方案——划分子网，就是从两级结构 IP 地址的主机号中借用若干位作为子网号，从而形成了包含网络号、子网号、主机号的三级结构 IP 地址。划分子网的编址方法减少了 IP 地址的浪费，但是 IP 地址的分配和使用不够灵活高效。

2019 年 11 月，欧洲网络协调中心通过电子邮件宣布，全球所有 43 亿个 IP 地址已全部分配完毕。解决 IP 地址匮乏问题的终极方案是采用 IPv6 地址及相关协议与技术，而当前互联网混合使用了 IPv4 和 IPv6 地址。

随着互联网规模的持续增长，现在已经普遍采用无分类编址方法分配和使用 IP 地址。无分类编址的全称是无分类域间路由选择（CIDR），其含义及示例如表 5-6 所示。

表 5-6　无分类编址的含义及示例

长度	n 位	$(32-n)$位
示例（$n=20$）	10000000000011100010	001100000111
斜线记法	128.14.35.7/20	
IP 地址和子网掩码	128.14.35.7 和 255.255.255.240	
网络地址	128.14.32.0	
CIDR 地址块	128.14.32.0/20 或 128.14.32/20	

同一个网络中多台主机的 IP 地址至少部分相同，意味着该网络存在一块连续的 IP 地址空间，这块地址空间称为网络前缀。网络前缀的长度是不固定的，可以取 0~32 之间的任意值。网络前缀都相同并且连续的所有 IP 地址组成一个 CIDR 地址块。CIDR 地址块使用非常简洁的斜线记法，就是在 IP 地址后面加斜线 "/" 和正整数；正整数表示网络前缀占有 IP 地址的二进制位数，也就是子网掩码中二进制 1 的个数。需要注意的是，网络前缀和主机号的取值都有限制，如主机号一般不能全部为 1 或 0；存在一些特殊的 CIDR 地址块，它们不能被随意分配给主机或路由器，而是具有专门用途并被保留，如表 5-7 所示。

表 5-7　一些特殊的 CIDR 地址块

网络前缀/长度	IP 地址范围	常用称呼
10.0.0.0/8	10.0.0.0~10.255.255.255	私有地址
127.0.0.0/8	127.0.0.0~127.255.255.255	环回地址
169.254.0.0/16	169.254.0.0~169.254.255.255	链路本地地址
172.16.0.0/12	172.16.0.0~172.31.255.255	私有地址
192.168.0.0/16	192.168.0.0~192.168.255.255	私有地址

私有地址（私有 IP 地址）用于内部私有网络，如家庭 WLAN、校园网和企业网之类的局域网，这些局域网通常以宽带接入方式连接至互联网。私有网络需要采用网络地址转换技术（路由器已支持），来完成私有地址和互联网中公有地址之间的映射，否则私有网络与互联网之间无法通信，因为互联网不路由和转发携带私有地址的 IP 分组。

私有地址不归 IP 地址分配机构管理，而由私有网络的建设或管理人员分配和管理。为了方便用户访问互联网，通常使用动态主机配置协议（DHCP）为用户主机自动分配一个私有地址，并自动配置相应的子网掩码和默认网关等参数，而不需要用户手工操作。为了方便向网络用户提供共享资源，服务器一般不使用 DHCP 协议而是手工配置静态（固定不变）的 IP 地址和子网掩码等。如果网络错误或故障导致 DHCP 协议无法正常运行，则用户主机会被自动分配一个链路本地地址。环回地址一般用于检测主机网卡是否存在硬件或软件方面的故障或错误，如网卡及其驱动程序或协议软件有损坏、修改或网络攻击等。

迄今为止已经知道，网络中同时存在着链路层的 MAC 地址和网络层的 IP 地址，它们都是具有唯一性的标识符。简单地讲，两者的主要区别在于：MAC 地址类似于某个国家或地区的身份证号码，它仅在局部范围（如局域网）内有效；IP 地址类似于通信地址，它在全局范围（如互联网）内都有效，通信地址的格式和内容决定了它具有全球唯一性。

（2）域名系统。

互联网上具有域名的服务器很多，因此需要通过域名系统（DNS）对这些域名进行管理。DNS 既是一个由分层的 DNS 服务器实现的分布式数据库，又是一个使主机能够查询分布式数据库的应用层协议。DNS 通常被其他应用层协议（如 HTTP 和 SMTP）和互联网应用（如 Web）使用，目的是将服务器的域名解析为 IP 地址。大多数域名都在本地被解析为 IP 地址，仅在少数情况下需要连网查询 DNS 服务器，因此 DNS 的执行效率很高。DNS 是分布式数据库，因此即使单个 DNS 服务器出现故障，也不妨碍整个 DNS 系统正常运行。此外，DNS 还提供一些重要的服务，如主机别名、邮件服务器别名和负载分配等。与 IP 地址的管理机构相同，域名由互联网名字和数字分配机构进行注册和管理，如 CNNIC 负责注册并管理我国的 ISP、IDC、ICP 和企事业单位的域名。

为了管理互联网上的众多域名，DNS 采用树状层次结构来表示域名，互联网的域名空间如图 5-12 所示。

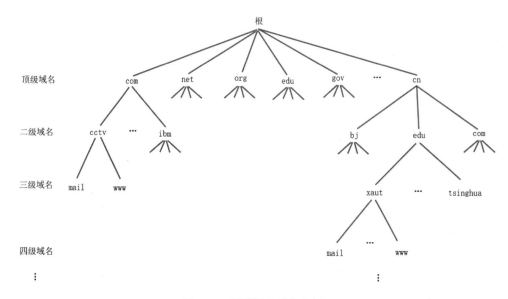

图 5-12　互联网的域名空间

在图 5-12 中，每个域名都对应着许多台 DNS 服务器，并且上层 DNS 服务器提供下层 DNS 服务器的 IP 地址。例如，全世界有超过 1000 台的根 DNS 服务器实体，这些服务器实际上是 13 台不同的根 DNS 服务器的副本，并且它们提供更多的顶级 DNS 服务器的 IP 地址。存在一种本地 DNS 服务器，严格地讲它不属于互联网的域名系统。ISP 都有本地 DNS 服务器，也称为默认域名服务器。当用户主机通过 ISP 接入互联网时，ISP 需要为主机分配 IP 地址、子网掩码、默认网关，以及 DNS 服务器的 IP 地址。下面以西安理工大学的域名 www.xaut.edu.cn 为例，简要地说明相关概念。

域名 www.xaut.edu.cn 的结构是四级域名.三级域名.二级域名.顶级域名。顶级域名分为通用顶级域名和国家顶级域名两类，前者包括 com（公司企业）、net（网络服务机构）、org（非营利性组织）、edu（美国的教育机构）、gov（美国的政府部门）等，后者包括 cn（中国内地）、hk（中国香港地区）、jp（日本）等。在国家顶级域名下注册的二级域名均由该国家自行确定。例如，顶级域名为 jp 的日本，将其教育机构和公司企业的二级域名定为 ac 和 co，而不是 edu 和 com。我国的二级域名分为类别域名和行政区域名两类，前者和通用顶级域名比较类似，后者包括 bj（北京）、sh（上海）、sn（陕西省）等。在二级域名下注册的三级域名由该组织机构自行确定，在三级域名下注册的四级域名也由该组织机构自行确定，往下以此类推。

综上所述，域名 www.xaut.edu.cn 的结构具体是主机名.单位名.类别名.国家名，它表示中国、教育机构、西安理工大学校园网上的一台名为 www 的主机（也可以是云端的托管主机或虚拟主机），也是该主机的完整域名。

可以使用 Windows 操作系统中名为 nslookup 的网络实用程序，手动查询域名服务器以解析指定的域名，或者对域名解析故障进行排除等。

5.3.2　互联网应用

网络应用是网络存在的理由。人们通过各种互联网应用来了解和访问互联网。为了避免混淆，以万维网 Web 为例，说明网络应用、网络应用程序和应用层协议三者之间的关系。

Web 是一种网络应用，它的组成包括 Web 文档格式的标准（超文本标记语言 HTML）、网络应用程序（Web 浏览器，如 Chrome）、Web 服务器程序（如 Apache）和应用层协议 HTTP 等。所以说，网络应用程序和应用层协议只是网络应用的一部分，尽管它们也非常重要。

互联网应用主要有万维网 Web 与超文本传输协议（HTTP）、电子邮件、域名系统（DNS）和动态主机配置协议（DHCP）等。DNS 为各种互联网应用提供域名解析服务，并且域名与 IP 地址密切相关，相关内容在前文已有论述。因此，下面主要介绍 Web 与 HTTP 协议、电子邮件、DHCP 协议等互联网应用。

1．Web 与 HTTP 协议

20 世纪 90 年代发明的 Web 促使互联网进入爆炸式发展阶段，它极大地改变了人们获取信息和数据的方式。Web 是一个通过 HTTP 协议访问并由大量互相链接的超媒体组成的大规模分布式信息资源库，它能够为移动互联网应用（如地图导航类）提供协议与平台服务。

Web 页面（或文档）由许多不同类型的文件（或对象）组成，如超文本标记语言 HTML（最基本）、JPEG 图片或各种视频等，这些文件存储于 Web 服务器并通过统一资源定位符 URL 来访问。URL 就是人们常说的网址，它主要由 3 个不区分大小写的部分组成：协议://主机名/路径。其中，协议指出应该通过何种协议来访问 Web 文档，通常就是 HTTP 协议；主机名是存储 Web 页面的服务器的域名；路径是存储在服务器上的某种文件的目录名和文件名。URL 的一个例子是 http://gaia.cs.umass.edu/kurose_ross/ppt.php。

HTTP 协议规定 Web 浏览器向 Web 服务器请求 Web 页面的方式，以及 Web 服务器向 Web 浏览器传输 Web 页面的方式。当用户请求 Web 页面（如单击超链接）时，Web 浏览器向 Web 服务器发出对页面中所包含文件的 HTTP 请求报文，Web 服务器接收到请求并使用包含该文件的 HTTP 响应报文进行响应。这就是互联网应用普遍采用的客户机/服务器体系结构。由于缺乏传输加密和身份认证机制，HTTP 协议存在严重的网络安全问题。因此，现在经常采用更加安全可靠的 HTTPS 协议来替代 HTTP 协议，特别是安全性要求高的互联网应用，如在线交易或支付。

Web 缓存（也称为代理服务器）能够代表初始 Web 服务器来满足 HTTP 请求，因为它拥有自己的磁盘空间，用于存储用户应用最近请求过的文件的副本。Web 缓存能够有效地减少服务器对用户应用请求的响应时间、组织机构的接入链路到互联网的通信量、互联网上不必要的 Web 流量等。随着网络视频的流行，Web 缓存在互联网中发挥着越来越重要的作用，于是出现了内容分发网络（CDN）。CDN 旨在使用最靠近用户的服务器，将音频、视频、应用程序、图像和其他文件更快、更可靠地发送给用户，从而使网络多媒体流量尽可能本地化。例如，美国的 CloudFlare、Akamai 和我国的腾讯、阿里巴巴等互联网公司都是著名的 CDN 服务商。

2．电子邮件

电子邮件（E-mail）是使用最多和最受欢迎的一种互联网应用，它把邮件发送到收件人使用的邮件服务器并存储在收件人邮箱中，收件人可在方便时上网访问自己使用的邮件服务器来读取邮件。

（1）电子邮件系统。电子邮件系统主要由 3 个部分组成：用户代理、邮件服务器和邮件发送与读取协议，如图 5-13 所示。

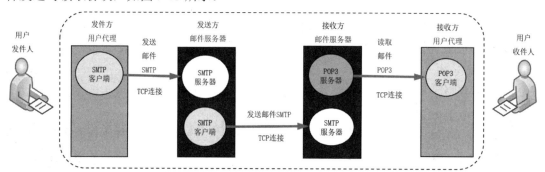

图 5-13　电子邮件系统的组成

用户代理是用户与电子邮件系统的接口，又称为电子邮件客户端软件，如微软公司的 Outlook。用户代理允许用户阅读、回复、转发、保存和撰写邮件。邮件服务器负责接收、转发和存储用户的邮件。邮件发送与读取协议包括简单邮件传输协议 SMTP、邮局协议 POP3、互联网消息访问协议 IMAP 和 HTTP 或 HTTPS。SMTP 协议实现用户代理向邮件服务器发送邮件，或者在邮件服务器之间发送邮件。POP3 协议实现用户代理从邮件服务器读取邮件。作为 POP3 协议的改进和替代，IMAP 协议提供邮件检索和处理的新功能，如无须下载邮件正文就可以阅读邮件的标题和摘要，以及通过用户代理就可以对邮件服务器上的邮件和目录等进行操作。HTTP 或 HTTPS 协议用于在 Web 浏览器和邮件服务器之间传输邮件，此时 Web 浏览器就是用户代理，而不需要在主机中安装用户代理。

（2）电子邮件的组成。电子邮件由信封和内容组成。电子邮件地址是电子邮件信封的重要部分，其格式为用户名@邮件服务器的域名。

用户名是收件人在邮件服务器上的注册名，它在邮件服务器中是唯一的。邮件服务器的域名在整个互联网范围内是唯一的。因此，任何一个有效的电子邮件地址在整个互联网范围内都是唯一的，它与现实世界中的通信地址非常类似。

3．DHCP 协议

DHCP 协议提供了采用即插即用方式连网的机制，允许用户主机加入网络和自动获取 IP 地址相关参数，而不需要手工配置。由前文已经知道，需要访问互联网的任何主机都必须配置 4 个协议参数：IP 地址、子网掩码、默认网关、DNS 服务器地址。如果采用人工方式对这些协议参数进行配置，显然效率较低并且容易出错。

DHCP 协议采用客户机/服务器工作模式，由作为 DHCP 客户端的主机向 DHCP 服务器提出配置申请，DHCP 服务器为每台主机自动分配 IP 地址等配置参数。DHCP 协议的地址分配方式包括动态分配和静态分配，前者为主机分配有使用期限（租期）的 IP 地址，后者为指定的主机分配固定不变的 IP 地址。

DHCP 协议减少了 IP 地址的冲突，简化了 IP 地址的分配，从而使 IP 地址管理更加简单有效，并确保了 IP 地址的一致性。DHCP 协议非常适合经常移动位置的各种计算机。

5.4　网络安全

随着互联网的持续发展，网络安全问题日趋严重。为了促进、规范和保护我国的信息化建设，2016 年 11 月 7 日，第十二届全国人民代表大会常务委员会第二十四次会议通过了《中华人民共和国网络安全法》，并决定自 2017 年 6 月 1 日起施行。近些年来，国家市场监督管理总局和国家标准化管理委员会陆续发布了与网络安全相关的国家标准，如 GB 40050—2021《网络关键设备安全通用要求》、GB 42250—2022《信息安全技术网络安全专用产品安全技术要求》、GB/T 20281—2020《信息安全技术防火墙安全技术要求和测试评价方法》和 GB/T 20275—2021《信息安全技术网络入侵检测系统技术要求和测试评价方法》等。值得关注的是，网络安全已经成为网络空间安全一级学科下的专业（全名为网络空间安全）。综上所述，本节仅简要介绍网络安全最基本的内容。

5.4.1　网络安全概述

1. 网络面临的安全性威胁

被动攻击和主动攻击是网络面临的两类安全性威胁。被动攻击是指攻击者从网络上窃听或截获他人的通信内容。如果攻击者只观察分析某个分组或报文而不干扰信息流，则这种被动攻击称为流量分析。在战争时期，通过分析某处出现大量异常的通信量，有可能会发现敌方指挥所的位置。与被动攻击相比，主动攻击的类型繁多并且威胁更大。

根据国家互联网应急中心于 2021 年 7 月发布的《2020 年中国互联网网络安全报告》，恶意程序是我国网络面临的主要安全性威胁。因此，下面简要介绍几种常见的恶意程序。

特洛伊木马——以盗取用户个人信息、远程控制用户计算机为主要目标的恶意程序，它通常由控制端和被控端组成。

僵尸程序——用于构建大规模攻击平台的恶意程序。

蠕虫——能自我复制和广泛传播，以占用系统和网络资源为主要目标的恶意程序。

病毒——通过感染计算机文件进行传播，以破坏或篡改用户数据，影响信息系统正常运行为主要目标的恶意程序。

勒索软件——攻击者用来劫持用户资产或资源，并以此为条件向用户勒索钱财的一种恶意软件。勒索软件通常会将用户数据或设备实施加密或更改，使其不可用后向用户发出勒索通知，要求用户支付费用以获得解密密码或获得恢复系统正常运行的方法。

移动互联网恶意程序——在用户不知情或未授权的情况下，在移动终端系统中安装、运行以达到不正当的目的，或者具有违反国家相关法律法规行为的可执行文件、程序模块或程序片段。

对付被动攻击可采用各种数据加密技术，而对付主动攻击还需要结合加密、认证、授权、记录、审计等技术。

2．网络安全的定义

人们一直希望能设计出一种安全的计算机网络，但是网络的安全性是不可判定的。简要地讲，网络安全是指通过采取必要措施，防范对网络的攻击、入侵、干扰、破坏和非法使用及意外事故，使网络处于稳定可靠运行的状态，以及保障网络数据的完整性、保密性、可用性的能力。一个安全的计算机网络应该达到以下四个目标。

（1）机密性。仅有发送方和希望的接收方能够理解传输报文的内容，因为攻击者可以截获报文，这就要求报文必须进行加密，使截获的报文无法被破译或理解。

（2）信息完整性。确保网络通信的信息在传输过程中未被改变、恶意篡改或意外改动。

（3）端点鉴别。发送方和接收方都应该能证实通信过程所涉及的另一方，以确保通信的另一方确实具有其所声称的身份而不是假冒者。

（4）运行安全性。大多数组织机构都拥有与互联网连接的计算机网络，因此网络运行的安全性很重要。

密码学是实现前三个目标的理论基础。信息完整性与端点鉴别往往密不可分，因为通常既要鉴别信息发送方的身份，又要鉴别接收的信息完整性。现在网络安全的焦点越来越集中于网络基础设施（如局域网和互联网）的安全性，而防火墙和入侵检测与防御系统是确保网络安全运行的重要技术和设备。

5.4.2　常见的网络攻击

除恶意程序外，计算机网络还面临着以下不同类型的网络攻击。

1．网络钓鱼攻击

网络钓鱼攻击就是恶意方发送电子邮件、打电话或放置一个文本，其目的是欺骗收件人提供个人信息或财务信息。网络钓鱼攻击还用来说服用户在不知情的情况下在其设备上安装恶意软件。存在一种被称为鱼叉式网络钓鱼的网络攻击，它是针对特定组织或个人的网络钓鱼。

2．中间人攻击

中间人攻击也称为窃听攻击，是攻击者将自身插入双方事务中发生的攻击；通常攻击者中断流量后，会过滤并窃取数据。中间人攻击有两个常见入口点：①在不安全的公共 Wi-Fi 网络中，攻击者可将自身插入访客的设备与网络之间。在不知情的情况下，访客的信息会经由攻击者传输；②恶意软件侵入设备后，攻击者可以安装其他软件来处理受害者的信息。

3．拒绝服务攻击

拒绝服务（DoS）攻击是指攻击者利用大量流量对服务器或网络发动洪泛攻击，使其耗尽资源或带宽，最终导致系统无法满足正常的服务请求。攻击者还可以利用多台受感染的设备发动 DoS 攻击，也就是分布式拒绝服务（DDoS）攻击。与来自单一设备的 DoS 攻击相比，DDoS 攻击更加难以检测和防范。

木马或僵尸网络是造成 DoS 攻击的重要原因。僵尸网络是被黑客集中控制的计算机群，其主要特点是黑客能够通过一对多的命令与控制渠道操纵感染木马或僵尸程序的多台主机，并使其执行相同的恶意行为，如同时对网站发动 DDoS 攻击或发送大量垃圾邮件等。

4．零日攻击

零日攻击发生在网络系统漏洞宣布后但安全补丁或解决方案还没来得及实施之前。攻击者在这段时间内以暴露的安全漏洞为目标发起攻击。

5．密码账户盗取

未授权用户或攻击者通过部署软件或采用其他技术手段，识别常见并且重复使用的密码，进而访问机密系统、数据或资产等。

6．社会工程攻击

社会工程攻击是指攻击者通过欺骗人们提供必要的访问信息，从而获取设备或网络的访问权限。例如，社会工程攻击者获取员工的信任并说服员工泄露他们的用户名和密码信息。

5.4.3　防火墙和入侵检测与防御系统

如果难以检测到被动攻击或主动攻击，导致网络攻击已经发起，那么防火墙和入侵检测与防御系统就构成了网络系统防御的第一道和第二道防线，它们类似于大楼的门卫和大楼的安防监控系统。

1．防火墙

防火墙是设置在网络环境之间的安全屏障，由专用设备或若干组件和技术的软硬件组合构成。网络环境之间两个方向的所有数据流均通过防火墙，并且只有按照本地安全策略定义的、已授权的数据流才允许通过，以实现访问控制及安全防护功能。防火墙在互连网中的位置如图 5-14 所示。

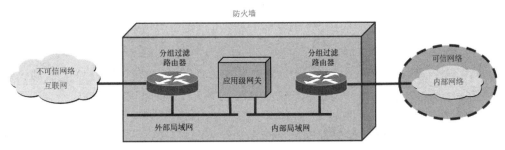

图 5-14　防火墙在互连网中的位置

根据安全目的和实现原理不同，防火墙可分为网络型防火墙、Web 应用防火墙、数据库防火墙、主机型防火墙等类型。根据作用的网络协议层次不同，防火墙可分为以下两类：

（1）分组过滤型防火墙。一个组织机构通常至少有一个将其内部网络与 ISP 相连的路由器，所有离开和进入内部网络的流量都要经过该路由器。分组过滤型防火墙独立地检查每个分组，基于特定的规则决定该分组应当允许通过还是应当丢弃（过滤）。过滤规则基于分组的网络层或传输层首部的信息，如源或目的 IP 地址和协议类型等。

分组过滤型防火墙可以是无状态的，即独立地处理每一个分组；也可以是有状态的，即需要跟踪每个连接或会话的通信状态，并根据这些状态信息来决定是否转发分组。

分组过滤型防火墙的优点是简单高效并且对用户是透明的，但是它不能对高层（应用层）协议数据进行过滤。

（2）应用程序网关。为了达到更高的安全性，应用程序网关可以基于应用数据来做决定。一个应用程序网关是一个应用程序特定的服务器，所有应用程序数据都必须通过它。

多个应用程序网关可以在同一台主机上运行，而每一个网关都是拥有单独进程的专用服务器。一个组织机构的内部网络可以有多个应用程序网关，如 HTTP 和电子邮件网关。实际上，邮件服务器和 Web 缓存都是应用程序网关。

应用程序网关也有缺点。首先，每个应用程序都需要一个应用程序网关；其次，因为所有数据都由应用程序网关转发，所以它承载的负担较重；最后，当用户发起请求时，用户应用程序必须知道如何联系应用程序网关，并且必须告诉应用程序网关如何连接到外部服务器。

如今的防火墙经过演变已不再单纯提供分组过滤和应用程序网关功能。大多数公司都在部署下一代防火墙，以求阻止更复杂的恶意软件攻击和应用层攻击等。根据美国的信息技术研究与分析公司 Gartner 的定义，下一代防火墙必须包括的要素有标准的防火墙功能、集成入侵检测与防御、应用识别和控制、升级路径包括不同的信息源、可解决不断变化的安全威胁的技术等。

2．入侵检测与防御系统

防火墙不可能阻止所有的网络攻击，特别是它对网络内部的防护能力较弱。作为网络系统防御的第二道防线，入侵检测与防御系统通过对进入网络的分组进行分析与检测，发现疑似入侵行为的网络活动，并发出警报以便进一步采取相应措施。

当观察到潜在恶意流量时，能产生警告的网络安全设备称为入侵检测系统；能够过滤或消除可疑流量的网络安全设备称为入侵防御系统，或者说入侵防御系统是能够提供主动响应能力的入侵检测系统的变体。因此，通常将二者合称为入侵检测与防御系统。为简洁起见，本文将入侵检测与防御系统称为 IDS。

IDS 可以监测多种网络攻击行为，如恶意程序攻击、DoS 攻击和缓冲区溢出攻击等。根据数据来源不同，IDS 可分为基于主机的 IDS 和基于网络的 IDS。根据检测方法不同，IDS 可以分为以下两类。

（1）基于特征的 IDS。它维护了一个攻击特征数据库。每个特征是与一个入侵活动相关联的规则集。一个特征可能只是有关单个分组的特性列表（如源或目的 IP 地址、协议类型），或者可能与一系列分组有关。这些特征通常由网络安全专家生成并将其加入攻击特征数据库中。

基于特征的 IDS 主要用于检测已知威胁，但无法检测未知威胁、已知威胁的变种及包含多个安全事件的复合式网络攻击，因为无法跟踪和了解复杂网络通信的真实状态。

（2）基于异常的 IDS。它在观察正常运行的流量时，首先会生成一个流量概况文件，然后寻找统计意义上非同寻常的分组流，如多次执行 Ping 命令引起 ICMP 协议探测分组的异常活跃。

基于异常的 IDS 的主要特点是不依赖现有攻击的知识，然而区分正常流量和统计异常流量是一个极具挑战性的复杂问题，因此大多数已部署的 IDS 主要是基于特征的 IDS。

5.5　计算机网络中蕴含的计算思维

解决复杂问题的基本方法是首先将问题进行分解，使其演变为一些结构或功能相对独立并且简单的子问题，然后从解决最简单的子问题入手，并逐步增加问题的复杂性，从而最终解决整个问题。采用这种计算思维解决互联网的设计难题，就产生了分层次的网络体系结构。

抽象是实现不同类型网络互连的基础。通过分层屏蔽不同类型网络底层（物理层和链路层）的差异，从而使得以 IP 协议为中心的网络层，能够将复杂的互联网视为采用分组交换方式完成数据通信的计算机网络。因此，计算机网络或互联网普遍采用路由器作为 IP 分组交换机，并根据 IP 地址在互连的不同类型网络之间路由与转发 IP 分组。

习题

1．计算机网络有哪些功能？

2．简要描述计算机网络的性能指标。

3．从计算机网络的物理组成来看，计算机网络包含哪些部件？

4．根据作用范围不同，计算机网络可以分为哪几类？

5．访问中国互联网络信息中心的官方网站，下载并阅读最新的《中国互联网络发展状况统计报告》。

6．简述五层协议的计算机网络体系结构。

7．结合局域网的组成并查阅互联网上的技术资料，描述局域网的组建方法。

8．查阅宿舍或家中使用的无线宽带路由器的官方资料，以进一步了解 WLAN 技术。

9．为了解我国网络面临的安全性威胁，访问国家互联网应急中心的官方网站，下载并阅读最新的各种网络安全报告。

10．为了对抗网络攻击，除防火墙和入侵检测与防御系统外，还有哪些网络安全技术或工具？

第6章

计算方法——算法与程序设计

人们使用计算机的目的是用计算机处理各种不同的问题。要做到这一点，就必须事先对各类问题进行分析，确定解决问题的具体方法和步骤，编制好一组让计算机执行的指令（程序），从而让计算机按照人们指定的指令步骤有效地工作。

6.1 算法基础

计算机能够处理复杂问题，依靠的是在计算机中运行的程序，而高质量的程序基于优秀的算法。

6.1.1 算法的概念

1. 什么是算法

算法（Algorithm）一词源于算术（Algorism），即算术方法，是指一种由已知推求未知的运算过程。后来，人们把进行某一工作的方法和步骤称为算法。随着计算机的出现，算法被广泛地应用于计算机的问题求解中，被认为是程序设计的精髓。

在计算机科学中，算法是指问题求解的方法及求解过程的描述，是一个经过精心设计，用以解决一类特定问题的计算序列。

2. 算法的特性

一个算法必须具备以下性质。

（1）确定性。算法中每一个步骤都必须是确切定义的，不能产生二义性，对于相同的输入必须得出相同的执行结果。

（2）可行性。算法必须是由一系列具体步骤组成的，并且每一步都能被计算机理解和执行。

（3）有穷性。一个算法应包含有限个操作步骤。在执行有限个操作步骤之后，算法能正常结束，而且每一步都能在合理的时间范围内完成。

（4）有零个或多个输入。一个算法可以有零个或多个输入，这取决于算法要实现的功能。这里的输入可能是键盘输入，也可能是从文件中读取的输入。

（5）有一个或多个输出。算法的执行结果必须以某种形式反馈给用户，没有输出的算法毫无意义。这里的输出可以是屏幕输出或打印，也可以是将结果保存到文件或数据库中。

3．算法的分类

算法的种类很多，分类标准也很多。根据处理的数据是数值数据还是非数值数据，算法可以分为数值计算方法和非数值计算方法。

数值计算是指以获得数值结果为目标的计算，主要用于科学计算，其特点是少量的输入、输出和复杂的运算，如解线性方程组的直接法、解线性方程组的迭代法等算法。

非数值计算的计算对象是信息，包含文字、图形、记录等，目的是对数据进行管理，其特点是大量的输入、输出和大量的逻辑运算，如对数据的排序、查找等算法。在解决非数值计算问题时，可以借鉴一些基础的思维方式，如分治、递归等。

6.1.2　算法的表示

算法是对问题求解过程的清晰表述，通常可以采用自然语言、流程图、伪代码、计算机语言等多种不同的方法来描述，目的是清晰地展示问题求解的基本思想和具体步骤。

1．算法的自然语言描述

自然语言就是人们日常使用的语言，可以使用汉语、英语或其他语言等。用自然语言表示算法通俗易懂，但文字冗长，表示的含义往往不太严格，要根据上下文才能判断其正确含义，容易出现歧义性。此外，用自然语言来描述包含分支和循环的算法很不方便，因此除那些简单的问题外，一般不用自然语言描述算法。

2．算法的流程图描述

流程图（Flow Chart）描述是指使用一些几何图形、线条和文字来表示各种操作和处理步骤。用流程图来描述问题的解题步骤，可使算法十分明确，具体直观，易于理解。美国国家标准化协会（American National Standard Institute，ANSI）规定了一些常用的流程图符号，如图 6-1 所示。

起止框　　　输入输出框　　　处理框　　　判断框　　　流程线

图 6-1　常用的流程图符号

3．算法的伪代码描述

由于算法的设计需要反复修改，每次修改均需要重新绘制流程图，而绘图过程较费时，因而为了方便设计算法，常采用伪代码表示。

伪代码产生于 20 世纪 70 年代，用介于自然语言与计算机语言之间的文字和符号来描述算法。伪代码不使用图形，格式紧凑，易于理解。

4．算法的计算机语言描述

不管是流程图还是伪代码，最后要让计算机识别并能自动执行，都需要转换成计算机语言编写的程序。用计算机语言描述算法必须严格遵循所选择的编程语言的语法规则。

【例 6.1】假设期末总评成绩的计算方法为：平时成绩×0.2 ＋ 考试成绩×0.8。现已知某学生某门课程的平时成绩和考试成绩，计算出该生的总评成绩，并给出该课程是否通过（大于或等于 60 分为通过）。算法的流程图、伪代码和 C 语言 3 种描述方法如图 6-2 所示。

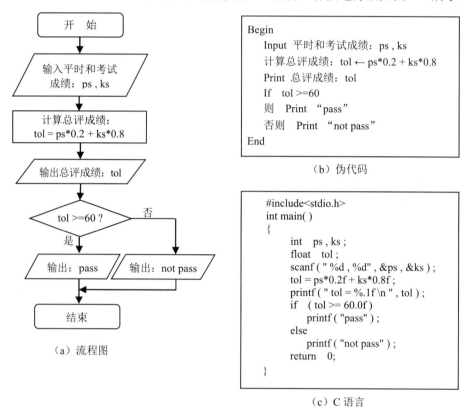

图 6-2 例 6.1 的 3 种算法描述方法

6.1.3 常用的基本算法

当应用计算机解决实际问题时，首先要进行算法设计。在一个大型软件系统的开发中，设计出有效的算法将起决定性作用。人们通过长期的研究，总结了一些基本的算法。这里列出几种相对简单而典型的算法。

1．枚举法

枚举法也称穷举法、列举法、试凑法、蛮力法等。枚举法的求解思路很简单，就是对所有可能的解逐一尝试，从而找出问题的真正解。

枚举法的基本思想是首先依据题目的部分条件确定答案的大致范围，然后在此范围内对所有可能情况逐一验证，直到全部情况验证完。若某个情况经过验证符合题目的全部条件，则为本题的一个答案；若全部情况经过验证后都不符合题目的条件，则本题无解。

枚举法是一种比较耗时的算法。由于计算机的运算速度快，擅长重复操作，因此很容易用计算机完成大量的枚举。

【例 6.2】百钱买百鸡问题的枚举法求解过程。

在例 1.2 中描述的百钱买百鸡问题的方程组如下，其中 x、y、z 代表鸡翁、鸡母、鸡雏的只数。

$$\begin{cases} x+y+z=100 \\ 5x+3y+z/3=100 \end{cases}$$

像这样 2 个方程 3 个未知数的求解问题，只能在取值范围内进行搜索，将各种可能的取值代入后找到同时能满足 2 个方程的，就是所需的解。由于鸡的总数是 100 只，因此可以确定 x、y、z 的取值范围如下。

① x 的取值范围为 1～99。

② y 的取值范围为 1～99。

③ z 的取值范围为 1～99。

3 种鸡的总数($x+y+z$)应为 100，买鸡用去钱的总数($5x+3y+z/3$)应为 100，且 z 应能被 3 整除，用这些条件作为判定条件，枚举各种鸡的只数。算法描述如下。

```
For  x=1  To  99
  For  y=1  To  99
    For  z=1  To  99
      If(x+y+z=100  And  5*x+3*y+z/3=100  And  z Mod 3=0 ) Then
          Print  x,y,z
```

上述伪代码描述的算法中使用了三层循环，当选择适当的枚举对象和取值范围后可以减少循环的层数，缩小枚举范围，从而获得更高的效率。例如，上述 x、y、z 的取值范围可修改如下。

① x 的取值范围为 1～19（因 5×20=100，鸡翁的只数最多不能超过 19）。

② y 的取值范围为 1～33（因 3×33=99，鸡母的只数最多不能超过 33）。

③ $z=100-x-y$（当鸡翁、鸡母只数确定后，鸡雏的只数根据条件可直接计算）。

更改后的算法描述如下。

```
For  x=1  To  19
  For  y=1  To  33
  Begin
    z=100-x-y
    If( z Mod 3=0  And  5*x+3*y+z/3=100  ) Then
        Print  x,y,z
  End
```

可以看出，修改后的算法效率明显优于修改前的。

2．迭代法

迭代法也称递推法、辗转法等，它是利用问题本身所具有的某种递推关系求解问题的一种方法。

迭代法的基本思想是从初值出发，归纳出新值与旧值间存在的关系，这个关系就是迭代递推公式，利用此公式不断地用旧的变量值递推计算新的变量值，从而把一个复杂的计算过程转化为简单过程的多次重复。

【例6.3】用欧几里得算法求两个任意整数的最大公约数。

欧几里得算法又称辗转相除法，即让一个整数除以另一个整数，若余数为零，则除数就是这两个数的最大公约数；若余数不为零，则用除数作为新的被除数，用余数作为新的除数，继续相除，直到余数为零为止，此时的除数即两数的最大公约数。以计算18和98这两个数的最大公约数为例，辗转相除求最大公约数的过程如图6-3所示。

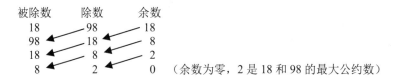

$$\begin{array}{ccc} \text{被除数} & \text{除数} & \text{余数} \\ 18 & 98 & 18 \\ 98 & 18 & 8 \\ 18 & 8 & 2 \\ 8 & 2 & 0 \end{array}$$ （余数为零，2 是 18 和 98 的最大公约数）

图 6-3　辗转相除求最大公约数的过程

使用 C 语言描述的算法如下。

```c
#include <stdio.h>
int  main( )
{   int  num1 , num2 , r , m1 , m2;
    printf ( " 请输入两个整数:" ) ;
    scanf ( "%d %d" , &num1 , &num2 ) ;
    m1 = num1 ;   m2 = num2 ;
    r = m1 % m2 ; // 第一次求两数相除的余数
    while ( r != 0 )   // 如果余数 r 的值为 0，结束循环, m2 就是最大公约数
    {
        m1 = m2 ;            // 将除数作为下一次的被除数
        m2 = r ;             // 将余数作为下一次的除数
        r = m1 % m2 ;        // 求两数相除的余数
    }
    printf ("%d 和 %d 的最大公约数是%d \n" ,num1, num2 , m2) ;
    return  0 ;
}
```

【例6.4】计算任意一个整数的相反数，如整数 1389，其相反数是 9831。

对于任意整数，因不知确定的位数，所以求其相反数的算法可以用如下所示的迭代过程。

```
num=1389
newNum=0
第 1 次迭代：取出 num 的个位数 9 放在变量 ge 中
            newNum=newNum×10+ge   （newNum 此时值为 9）
            去掉 num 中的个位数   （num 此时值为 138）
第 2 次迭代：取出 num 的个位数 8 放在变量 ge 中
            newNum=newNum×10+ge   （newNum 此时值为 98）
            去掉 num 中的个位数   （num 此时值为 13）
第 3 次迭代：取出 num 的个位数 3 放在变量 ge 中
            newNum=newNum×10+ge   （newNum 此时值为 983）
            去掉 num 中的个位数   （num 此时值为 1）
第 4 次迭代：取出 num 的个位数 1 放在变量 ge 中
            newNum=newNum×10+ge   （newNum 此时值为 9831）
            去掉 num 中的个位数   （num 此时值为 0）
```

当 num 的值为零时，迭代过程结束。在 C 语言程序中，用除 10 取余得到一个整数的个位数，用除 10 除整可去掉一个整数的个位，因此用 C 语言描述的程序段如下。

```
num=1389;
newNum=0;
while ( num != 0 )
{
    ge=num%10 ;              // 得到整数的个位数
     newNum=newNum*10+ge ;    // 生成新的相反数
     num=num/10 ;            // 去掉一个整数的个位数，保留其高位，得到一个新的数
}
```

3．递归法

若一个算法直接地或间接地调用自己本身，则称这个算法是递归算法。

递归法的基本思想是把一个大型复杂的问题层层转化为一个与原问题相似的规模较小的问题来进行求解。因为问题规模变小，所以递归策略可以简单描述，且易于理解；解题过程需要多次重复计算，因此递归本质上是一种循环的算法结构。

【例 6.5】计算 n 的阶乘($n!$)。

数学上阶乘的递归定义为：

$$n! = \begin{cases} 1 & (n=0,1) \\ n \cdot (n-1)! & (n > 1) \end{cases}$$

如计算 4!，则

4!=4×3!

3!=3×2!

2!=2×1!

1!=1

用 C 语言写成递归函数，其算法描述如下。

```
int  fac(int n)
{
    if(n==0||n==1)
        return  1;
    else
        return  fac(n-1)*n;
}
```

当需要计算 4! 时，仅需要调用 fac 函数，即 fac(4)即可。计算 4! 的递归过程如图 6-4 所示。

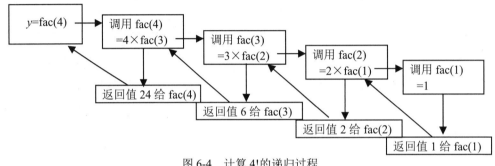

图 6-4　计算 4!的递归过程

4．最值算法

所谓最值，就是指最大值和最小值。当求最值时，需要有一个变量来记录最大或最小值，这个变量称为最值变量。

求最值的基本思想是首先给最值变量一个初值，然后每个元素依次和最值变量比较，遇到比最值变量更大（或更小）的元素时就用其值更新最值变量的值。

最值变量的初值可以用元素集合中的第一个数，也可以用一个元素取值范围中的最小数（求最大值时）或最大数（求最小值时），总之，当求最大值时，最值变量的初值数据一定要保证比所用元素集合中的最小值还要小；当求最小值时，最值变量的初值数据一定要保证比所用元素集合中的最大值还要大。

【例 6.6】找出 10 个整数中的最大数。

使用元素集合中的第一个数作为最值变量的初值，描述算法的程序流程图如图 6-5 所示。设有符号整数占内存空间 2 个字节，其所表示的数值大小为-32768～32767，当求最大数时，最值变量的初值可用-32768 表示，描述算法的程序流程图如图 6-6 所示。

5．排序算法

所谓排序，就是按某种特定的顺序排列数据，把无序的数据序列调整为有序的数据序列。排序在数据处理领域中应用十分广泛，排序也是计算机程序中经常要用到的基本算法。排序的方法有很多，每种排序方法都有其各自的特点和适用场景，本书仅介绍选择排序和冒泡排序。

（1）选择排序。

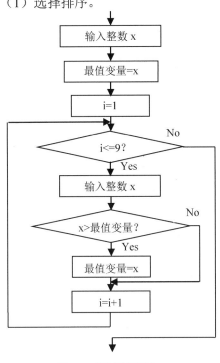

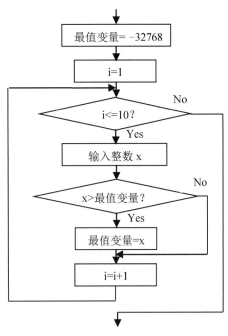

图 6-5　程序流程图 1　　　　　　　　　　图 6-6　程序流程图 2

选择排序是一种简单直观的排序算法。它的基本方法是每次先从待排序的无序数中找出最小（或最大）的一个元素，存储在无序数的第一个位置；再从剩余的待排序的无序数中继续找出最小（或最大）的一个元素，存储在无序数的第一个位置或者说是已排序数的末尾位置。以此类推，直到待排序的数据元素的个数为零。

【例 6.7】用选择排序方法对 *n* 个给定的整数降序排序。

设有 49、38、65、76、13、27 这 6 个数存储在数组 *a* 中，选择排序过程如图 6-7 所示。其中，已有序的数据用一对中括号括起来。降序排序是每次在待排序的数据中找最大数。

	a[0]	*a*[1]	*a*[2]	*a*[3]	*a*[4]	*a*[5]
	49	38	65	76	13	27
第 1 轮结果：（最大数为 76，与 *a*[0]交换）	[76]	38	65	49	13	27
第 2 轮结果：（最大数为 65，与 *a*[1]交换）	[76	65]	38	49	13	27
第 3 轮结果：（最大数为 49，与 *a*[2]交换）	[76	65	49]	38	13	27
第 4 轮结果：（最大数为 38，与 *a*[3]交换）	[76	65	49	38]	13	27
第 5 轮结果：（最大数为 27，与 *a*[4]交换）	[76	65	49	38	27]	13

图 6-7　选择排序过程

每一轮排序过程相应的伪代码如下，在每一轮排序算法中，不同的部分用粗体进行了区分。

```
//第1轮选择排序伪代码
maxi=0  //假设待排序中的第1个数是最大数
For j=1 To n-1
   If (a[j] >a[maxi] ) Then
       maxi=j
If( maxi<>0) Then
   a[0]与a[maxi]交换
```

```
//第2轮选择排序伪代码
maxi=1  //假设待排序中的第1个数是最大数
For j=2 To n-1
   If (a[j] >a[maxi] ) Then
       maxi=j
If( maxi<>0) Then
   a[1]与a[maxi]交换
```

说明，本书只写出了第 1 轮和第 2 轮，学习者可以试着再多写几轮，比较每轮排序算法中的不同之处。

当有 n 个数据时，排序过程需要经历 n-1 轮。用循环控制排序的轮数，最终完整的伪代码如下。

```
//选择排序伪代码
For  i=0  To  n-2    //n个数需要进行n-1轮比较
Begin
   maxi=i       //假设待排序中的第1个数是最大数
   For  j=i+1  To  n-1
      If (a[j] >a[maxi] ) Then
        maxi=j
   If( maxi<>0) Then
      a[i]与a[maxi]交换
End
```

（2）冒泡排序。

冒泡排序也是一种较为简单的排序算法。它的基本方法是每轮依次比较两个相邻元素，递增排序时相邻元素应保证小数在前大数在后，递减排序时与之相反，如果顺序错误就交换两个相邻元素。对于递增排序，每一轮比较结束后，大数会"沉底"，小数会慢慢"上浮"，就如同水中的气泡最终会上浮到顶端一样，故名为冒泡排序或起泡排序。

【例 6.8】用冒泡排序方法对 n 个给定的整数升序排序。

设有 49、38、65、76、27、13 这 6 个数存储在数组 a 中，冒泡排序过程如图 6-8 所示。其中，每经过一轮比较后，在待排数据中都会有一个大数沉到它的最终位置处，曲线下方的数据是每一轮结束后已经排好序的部分。例如，第 1 轮，最大数 76 沉底，小数 13 上升一个位置；第 2 轮，次大数 65 沉底，小数 13 继续上升一个位置，如此循环往复。

	初始值	第1轮结果	第2轮结果	第3轮结果	第4轮结果	第5轮结果
$a[0]$	49	38	38	38	27	13
$a[1]$	38	49	49	27	13	27
$a[2]$	65	65	27	13	38	38
$a[3]$	76	27	13	49	49	49
$a[4]$	27	13	65	65	65	65
$a[5]$	13	76	76	76	76	76

图 6-8 冒泡排序过程

前两轮排序过程相应的伪代码如下，在每一轮排序算法中，不同的部分用粗体进行了区分。

```
//第 1 轮冒泡排序伪代码              //第 2 轮冒泡排序伪代码
For  j=0  To  n-2                  For  j=0  To  n-3
   If (a[j] >a[j+1] ) Then            If (a[j] >a[j+1] ) Then
        a[j]与 a[j+1]交换                 a[j]与 a[j+1]交换
```

当有 n 个数据时，排序过程最多需要经历 $n-1$ 轮。用循环控制排序的轮数，最终完整的伪代码如下。

```
//冒泡排序伪代码
For  i=0  To  n-2        //n 个数需要进行 n-1 轮比较
   For  j=0  To  n-2-i
      If (a[j] >a[j+1] ) Then
           a[j]与 a[j+1]交换
```

6. 查找算法

查找也称检索，是指在大量的数据中寻找某个特定的数据元素。查找算法是常用的基本运算，利用计算机快速运算的特点，可以方便地实现查找。

查找的方法很多，对于不同的数据结构，对应有不同的查找策略。本书仅介绍顺序查找和二分法查找。

（1）顺序查找。

顺序查找又称线性查找，它的基本方法是在待查找的数据元素中从一端开始按顺序逐一比较，如果找到与给定值 key 相同的元素，则查找成功；如果所有元素均比较结束仍没有找到与给定值 key 相同的元素，则查找失败。

顺序查找对数据没有特殊要求，可用于有序列表，也可用于无序列表；可用于线性结构存储的数据，也可用于链式结构存储的数据。最好的情况是比较第 1 个数时即找到，最坏的情况是比较到第 n 个数（最后一个数）时才知道结果，因此顺序查找的平均查找次数是 $(n+1)/2$，当 n 值比较大时，查找效率较低。

【例 6.9】用顺序查找方法在 n 个元素中查找值为 key 的元素。顺序查找过程如图 6-9 所示。

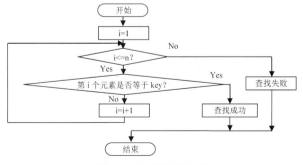

图 6-9 顺序查找过程

107

（2）二分法查找。

二分法查找又称折半查找，是在数据量较大时采用的一种高效查找法。当采用二分法查找时，要求数据结构必须是线性存储结构，且数据事先必须有序。猜数游戏使用的就是二分法查找，如果已知猜数范围是 1～100 的整数，人们一般都会先猜 50，若猜大了，下次就会在 1～50 之间猜 25，以此类推，每次猜完后就可以过滤掉一半数据，使得下次要猜的数据量大大减少。

二分法查找的基本思想是将待查找数据的中间元素与给定值 key 相比较，若相等，则查找成功；若不等，则依据数据的排序情况，或者取中间值左边部分，或者取中间值右边部分，作为下一次查找的待查找数据。重复此过程，直到查找成功，或者直到待查找数据不再存在，此时查找不成功。

【例 6.10】用二分法查找在 n 个元素中查找值为 key 的元素。

设有 11、13、27、38、49、65、76、81 这 8 个数存储在数组 a 中，且已经递增有序。在其中查找 key=20 的元素，二分法查找过程如图 6-10 所示。

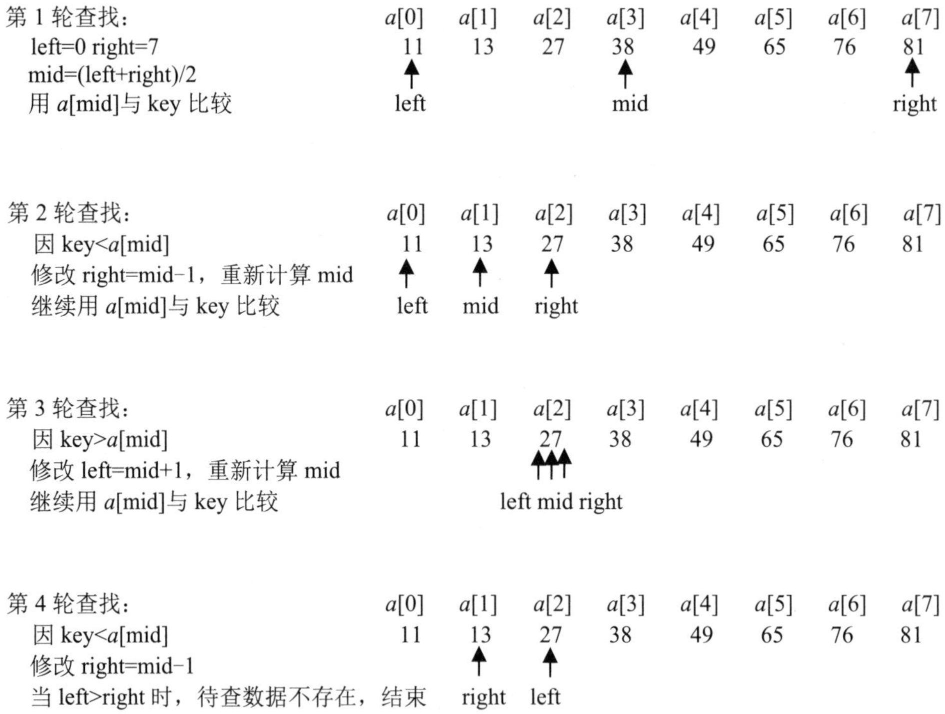

```
第 1 轮查找：          a[0]  a[1]  a[2]  a[3]  a[4]  a[5]  a[6]  a[7]
  left=0 right=7      11    13    27    38    49    65    76    81
  mid=(left+right)/2   ↑                 ↑                       ↑
  用 a[mid]与 key 比较  left              mid                   right


第 2 轮查找：          a[0]  a[1]  a[2]  a[3]  a[4]  a[5]  a[6]  a[7]
  因 key<a[mid]        11    13    27    38    49    65    76    81
  修改 right=mid-1，重新计算 mid  ↑    ↑    ↑
  继续用 a[mid]与 key 比较   left  mid  right


第 3 轮查找：          a[0]  a[1]  a[2]  a[3]  a[4]  a[5]  a[6]  a[7]
  因 key>a[mid]        11    13    27    38    49    65    76    81
  修改 left=mid+1，重新计算 mid        ↑↑↑
  继续用 a[mid]与 key 比较        left mid right


第 4 轮查找：          a[0]  a[1]  a[2]  a[3]  a[4]  a[5]  a[6]  a[7]
  因 key<a[mid]        11    13    27    38    49    65    76    81
  修改 right=mid-1                   ↑    ↑
  当 left>right 时，待查数据不存在，结束  right  left
```

图 6-10　二分法查找过程

二分法查找的伪代码如下。

```
//二分法查找的伪代码
left=0
right=n-1
While ( left<=right )
Begin
    mid=(left+right)/2
    If ( key=a[mid] )  Then
        查找成功，退出并返回 mid
    Else If ( key<a[mid ) Then
        right=mid-1
    Else
        left=mid+1
End
查找不成功，退出并返回-1
```

6.1.4 算法的复杂性分析

算法的复杂性分析（Algorithm Complexity Analysis）主要针对运行该算法所需要的计算机资源的多少，需要的时间资源的量称为时间复杂性，需要的空间资源的量称为空间复杂性。算法所需要的资源越多，该算法的复杂性越高；反之，算法所需要的资源越少，该算法的复杂性越低。

一个特定问题的算法在大部分情况下都不是唯一的，也就是说，同一个问题可以有多种解决问题的算法。算法没有对错之分，但有优劣之分。就好像我们做事情，常常会思考怎样才能高效地解决问题。对于特定的问题、特定的约束条件，设计出复杂性最低的算法是设计算法时追求的重要目标之一，而在存在的多种算法中选取其中复杂性最低的算法也是选用算法遵循的重要标准。

用计算机求解问题的难易程度又称为计算复杂性，其实就是度量它的时间复杂性和空间复杂性。

1．时间复杂性

时间复杂性（时间复杂度）是指算法实现过程所消耗的时间。假设每条语句执行一次所需要的时间为单位时间，那么一个算法的执行时间就和算法中需要执行语句的次数成正比，就是所有语句的执行次数之和，用 $O(f(n))$ 表示。其中 O 表示代码执行时间随数据规模增长的变化趋势，也称渐进时间复杂度，简称时间复杂度。

【例 6.11】有如下 C 语言程序。

其中，第 3、4、5 行各执行一次，第 6、8 行分别执行 n 次，第 9、11 行分别执行 n^2 次，所以可以得出时间复杂度为 $O(2n^2+2n+3)$，当 n 的值非常大时，公式中的低阶、常数和系数三部分并不左右增长趋势，因此可以忽略不计，上述算法的时间复杂度即 $O(n^2)$。

```
1      public int GetSum(int n)
2      {
3              int sum = 0;
4              int row = 0;
5              int col = 0;
6              for(; row < n; row++)
7              {
8                  sum += i;
9                  for(; col < n; col++)
10                 {
11                     sum = sum + row * col;
12                 }
               }
               return sum;
       }
```

2．空间复杂性

在一般情况下，一个算法所占用的存储空间包括算法自身、算法的输入、算法的输出及实现算法的程序在运行时所占用空间的总和。由于算法的输入和输出所占用的空间基本上是一个确定的值，它们不会随着算法的不同而不同，而算法自身所占用的空间与实现算法的语言和使用的语句密切相关，因此一个算法的空间复杂性（空间复杂度）的度量主要考虑的是算法在运行过程中所需要的存储空间的大小。

实际上，时间、空间是一对矛盾体，有的时候不得不为了节省时间而消耗空间，有的时候又不得不为了节省空间而消耗时间。

【例 6.12】交换两个整数，可以有如下两种算法。

```
算法1:
public void swap( int &x,int &y)
{
    int z;
    z=x;
    x=y;
    y=z;
}
```

```
算法2:
public void swap( int &x,int &y)
{
    x=x+y;
    y=x-y;
    x=x-y;
}
```

其中算法 1 比算法 2 的空间复杂度稍大，但是算法 1 的通用性强，适合于各种类型的数据交换，而算法 2 只适合于整型数据。

3．设计算法时应考虑的原则

在设计算法时，通常应考虑以下原则。

（1）正确性。算法的正确性是指算法至少应该能正确反映问题的需求，能够得到问题的正确答案。

（2）可读性。设计算法的目的，一方面是让计算机执行，另一方面是便于自己和他人阅读，让人理解和交流。可读性是评判算法好坏很重要的标志。

（3）健壮性。当输入的数据非法时，算法应当能恰当地做出反应或进行相应处理，而不是产生莫名其妙的输出结果。并且算法处理出错的方法不应是中断程序的执行，而应是返回一个表示错误或错误性质的值，以便在更高的抽象层次上进行处理。

（4）高效率与低存储量。算法的效率指的是算法的执行时间，算法的存储量指的是算法执行过程中所需的最大存储空间。在算法正确、易读、健壮的情况下，还需要利用数学工具，讨论其时间复杂度和空间复杂度，探讨具体算法对问题的适应性。

6.2　算法中的数据结构

著名的计算机科学家 Niklaus Wirth 曾提出：
$$程序 = 算法 + 数据结构$$
这个公式说明，程序是由算法和数据结构两大要素构成的。其中，数据结构是指欲处理的数据类型和数据的组织形式。例如，学号、姓名、出生日期等数据都具有相应的数据类型，大量数据在计算机中存储时采用何种组织形式可以带来更高的运行效率或存储效率，是数据结构研究的内容。

数据结构是为算法服务的，算法要作用在特定的数据结构之上。例如，常用的二分法查找需要用数组这种线性存储结构来存储数据，而链表这种链式存储结构是无法使用二分法查找的；在大量的有序数据中插入一个新数据后，若欲使数据依然保持有序状态，那么采用数组这种线性存储结构就需要涉及数据的后移，之后才能插入新数据，而采用链表这种链式存储结构则无须移动数据，直接插入即可。

6.3　程序设计步骤

6.3.1　程序

程序是为了让计算机完成特定的任务，人们事先编制的一组指令的有序集合。计算机系统能完成各种工作的核心就是程序。

6.3.2　程序设计

程序设计是指从人们分析实际问题开始到计算机给出正确结果的完整过程。程序设计过程如图 6-11 所示。

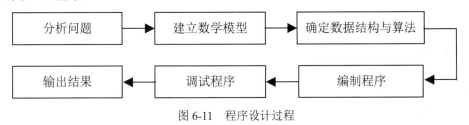

图 6-11　程序设计过程

在这个过程中，建立数学模型及确定数据结构与算法是程序设计中较困难的步骤，需要有一定数学基础及数值计算方法知识。编写程序就是用某一种计算机语言将设计的算法描述出来，熟练的程序设计技能是在知识与经验不断积累的基础上发展而来的。

6.3.3 程序设计方法

程序设计方法在很大程度上会影响程序设计的成败及程序的质量。目前，常用的是结构化程序设计和面向对象程序设计。无论哪种程序设计方法，程序的可靠性、易读性、高效性、可维护性等都是衡量程序质量的重要标准。

1．结构化程序设计

结构化程序设计（Structured Programming，SP）思想最早由荷兰科学家 E.W.Dijikstra 在 1965 年提出，是计算机软件发展的一个重要里程碑。

结构化程序设计方法包括以下两个方面。

（1）自顶向下、逐步求精。在进行程序设计时，先考虑整体，后考虑细节；先考虑全局目标，后考虑局部目标；先从最上层总目标开始设计，逐步使问题具体化，逐步细化。

（2）模块化。把要解决的总目标分解为若干个子目标，进一步分解为具体的小目标，把每一个小目标称为一个模块（函数）；各个模块都基于顺序、选择、循环 3 种基本控制结构，且具有单入口和单出口；限制使用 goto 语句在程序中任意跳转。

结构化程序的结构简单清晰，可读性好，模块化强，程序执行效率高。但存在如下一些问题。

（1）程序的重用性差。重用性是指同一事物不经修改或稍加修改就可多次重复使用的性质。

（2）程序难以适应大型软件的设计。在结构化程序设计中，算法是一个独立的整体，数据结构也是一个独立的整体，二者分开设计，以算法为主，即数据和处理数据分离。因此在大型软件系统开发中，程序容易出错，难以维护。

2．面向对象程序设计

面向对象程序设计（Object Oriented Programming，OOP）是 20 世纪 80 年代初提出的一种计算机编程架构，它汲取了结构化程序设计中好的思想，并引入了新的概念，尽可能模拟人类的思维方式，采用对象、类、方法、实例等相关概念进行程序设计。

面向对象程序设计认为现实世界是由一个个对象组成的，构成客观事物的基本单元是对象。当解决某个问题时，先要确定这个问题由哪些对象组成。例如，一个学校是一个对象，一个班级是一个对象，一个学生是一个对象，而一个班级又是由若干个学生对象组成的，一个学校又是由若干个班级对象和若干个其他对象组成的。作为对象，一般应具备两个因素：一个是从事活动的主体，如班级中的若干个学生；另一个是活动的内容，如上课、开会等。从计算机的角度看，一个对象一般包括两个因素：一个是数据，相当于班级中的学生属性；另一个是需要进行的操作（函数），相当于班级中学生进行的各种活动。对象就是一个包含数据及与这些数据有关的操作集合。

　　面向对象程序设计的基本特点如下。

　　（1）抽象。抽象是指对具体问题进行概括，提取出一类对象的公共性质并加以描述的过程。抽象的过程是对问题进行分析和认知的过程，这是人类认识世界的基本手段之一。抽象的作用是表示同一类事物的本质，如不同品牌的电视、不同形状的桌子等，它们分别属于同一类事物，所以可以对它们进行归纳，找出共同的属性和行为。

　　例如，对人类进行抽象。通过对人类进行归纳、抽象，抽取其中的共性，可得如下结论。

　　人类的共同属性：姓名、性别、年龄、身高、体重等。人类的共同行为：吃饭、走路、睡觉等生物性行为；工作、学习等社会性行为。

　　属性可用变量来表达。行为可用函数来表达。

　　（2）封装。将抽象得到的数据和行为相结合，形成一个有机的整体，即将数据和操作数据的函数进行有机的结合，形成"类"。

　　封装是面向对象程序设计的一个重要特点。封装包含两个含义：一是将有关的数据和函数封装在一个对象中，形成一个基本单位，各个对象之间相互独立，互不干扰；二是将对象中某些部分对外隐蔽，即隐蔽其内部细节，只留下少量接口，以便与外界联系，接收外界的消息。这种对外界隐蔽的做法称为信息隐蔽。信息隐蔽有利于数据安全，防止无关的人了解和修改数据。

　　封装改变了传统方法中数据和处理数据分离的缺陷。

　　（3）继承。继承是面向对象程序设计的又一个重要特点。只有继承，才可以在别人认识的基础之上有所发现，有所突破，摆脱重复分析、重复开发的困境。例如，如果某汽车制造厂想生产一款新型汽车，一般不会全部从头开始设计，而是选择已有的某一型号汽车为基础，增加新的功能后形成一款新的汽车，从而提高生产效率，降低成本。这种新产品的研制方式称为继承。

　　（4）多态。广义地说，多态是指一种行为表现出了多种形态。例如，你"吃饭"，我也"吃饭"，但吃的东西不一样，所以吃饭的动作不同。所谓多态性，是指由继承而产生的不同的派生类，其对象对同一消息会做出不同的响应。多态性也是面向对象程序设计的一个重要特点，能增加程序的灵活性。

　　面向对象程序设计的基本思想如下。

　　① 整个软件由各种各样的对象构成。

　　② 每个对象都有各自的内部状态和运动规律。

　　③ 根据对象的属性和运动规律的相似性可以将对象分类。

　　④ 复杂对象由相对简单的对象构成。

　　⑤ 不同对象的组合及其间的相互作用和联系构成系统。

　　⑥ 对象间的相互作用通过消息传递，对象根据所接收到的消息做出自身的响应。

　　由此可以看出，面向对象程序设计将问题抽象成许多类，将数据与对数据的操作封装在一起，各个类之间可能存在着继承关系，对象是类的实例，程序由对象组成，程序可以被描述为：程序 = 对象 + 对象 + … + 对象，对象 = 数据结构 + 算法。面向对象程序设计可以较好地克服面向过程程序设计存在的问题，使用得好，可以开发出健壮的、易于扩展和维护的应用程序。

6.4 基于计算机的问题求解

计算机科学要解决的根本问题，就是利用计算机进行问题求解。

6.4.1 基于计算机软件的问题求解方法

在实际工作中，当我们遇到问题时，首先会怎么做呢？大多数人的做法一般都是有意或无意地寻找一些现成的工具。一些计算机的通用软件就是我们的工具。例如，当我们需要利用计算机处理图像时，可以使用图像处理软件 Photoshop；当我们需要处理文档时，可以使用字处理软件 Word；当我们需要求解拟合问题、等高线、权限等诸多数学问题时，可以使用商业数学软件 MATLAB；当我们发现计算机可能感染病毒时，可以使用对应的杀毒软件，等等。通用问题与求解问题的相应软件如表 6-1 所示。

表 6-1   通用问题与求解问题的相应软件

问题描述	软件名称	问题描述	软件名称
文件与信息下载	迅雷	压缩软件	WinRAR
图像浏览	ACDSee	电路设计	Protel
音频浏览	QQ 音乐	机械制图	AutoCAD
视频浏览	超级解霸	原型设计工具	Axure RP
三维动画制作	3ds max	建筑设计平面图	Autodesk Revit
聊天软件	微信	购物	拼多多

从表 6-1 中可以看出，当用计算机解决问题时，软件是一种最直接的方式，这些软件非常丰富，功能强大，有一般的办公软件，有休闲娱乐软件，有网上交友软件，有线上购物软件，还有很多服务于基础学科的软件和面向专业问题研究的软件。无论从事什么样的专业，层出不穷的计算机软件都会为我们带来很多的便捷。所以，作为当代的大学生，需要具备学习的能力来应对新技术的不断更新，能够使用不断推出的新的计算机软件。

6.4.2 基于计算机程序的问题求解方法

软件这么强大，那么所有计算机可解的问题都有可用的软件吗？显然不是。

无论计算机软件多么琳琅满目，多么强大，目前依然有很多的问题等待着我们去编写程序完成新的解决问题的软件，即使现在已经有的软件，也因为新技术的出现可能有了更高效更便捷的方法而需要对旧有的软件进行版本升级。因此，用程序的方法实现计算与控制，是进行问题求解的主要途径，尤其对大学生而言，编写程序这种方法依然是必需的，因为无论是飞行模拟还是导航定位，无论是汽车控制还是网络游戏，这些几乎都离不开用程序的方法来解决各自的专业问题。

既然需要编写程序，就需要掌握计算机程序设计语言，需要了解程序设计步骤，需要了解程序中所涉及的算法及对算法的复杂性分析。

6.4.3 基于系统的工程问题求解方法

计算机软件和计算机程序能解决所有问题吗？显然不是。

有时对于大规模问题、复杂问题的求解需要多种系统平台支持。例如，天气预报网格计算系统需要设置密集观测点、即时进行数据采集和实时进行计算处理，需要搭配集群服务器、数据库、信息采集系统，通过网格技术整合为一个计算平台，从而实现超级计算机的海量数据计算处理功能，最后面向用户使用。天气预报网格计算系统如图 6-12 所示。

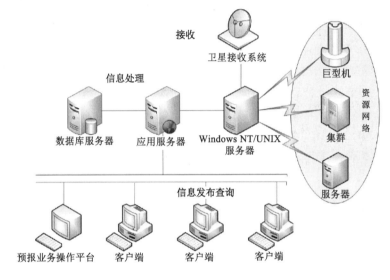

图 6-12　天气预报网格计算系统

著名的 GIMPS（Great Internet Mersenne Prime Search，因特网梅森素数大搜索）项目有世界上 200 多个国家和地区的近 70 万人参加，动用超过 180 万个 CPU 连网来进行网格计算，计算能力超过每秒 700 万亿次，2019 年通过该项目发现了第 51 个梅森素数。

因此，一个由多平台、多软件、多资源整合的系统也是当代计算机的重要应用。

实际上，基于计算机的问题求解方法不仅靠计算机技术，更重要的是靠分析问题、解决问题的能力。

6.5 算法与程序设计中蕴含的计算思维

计算思维的本质是抽象和自动化。

程序设计步骤中的建立数学模型就是把要解决的问题进行符号化的抽象过程；然后将问题中的数据描述成计算机能够理解的符号或模型形式，即抽象成计算机中的数据结构；

最后设计计算机能够识别并执行的算法。

计算思维的自动化就是让计算机自动执行抽象得到的算法，对抽象数据结构进行计算或处理，从而得到问题的结果。

抽象是自动化的前提和基础，计算机通过程序实现自动化，而程序的核心是算法。

对于任意一个可计算问题，人们总是能够精准地描述并构造出可以让计算机实现的算法，从而实现"自动执行"。

习题

1. 简述算法的定义和特性。
2. 简述算法设计时应考虑的原则。
3. 列举算法常用的表示方法。
4. 简述枚举法的基本思想。
5. 简述迭代法的基本思想。
6. 简述二分法查找的基本思想。
7. 简述基于计算机程序的问题求解方法的一般步骤。
8. 利用计算机破案。张三在家中遇害了，侦探发现 A、B、C、D、E 五个人到过现场。在审问他们时：

A 说："D 和 E 中至少有一个人是杀手。"

B 说："C 和 D 要么都是杀手，要么都不是杀手。"

C 说："如果 E 是杀手，那么 A 和 D 也都是杀手。"

D 说："若 A 是杀手，则 B 也是杀手。"

E 说："B 和 C 中有一个人是杀手。"

五个人中至少有一个人是杀手，杀手是谁？

9. 报数游戏。规则如下：两个人从 1 开始轮流报数 1、2、3、……，每人每次可报一个数或两个数，如一个人先报 1，另一个人接着报 2 或报 2、3，两人轮流接替着向后报数，谁报到 36 谁就输了。要求：如果你和另一个人玩这个游戏，你先报数，如何控制你一定能赢而另一个人一定会输？

第 7 章
课程实践——数据处理应用

在信息时代，计算机已经成为人们生活和工作必不可少的工具，对各种数据的处理成为计算机的主要应用。本章从现代办公的角度，介绍了数据处理中常用的微软公司 Office 2010 办公软件的 3 个组件：Word、Excel、PowerPoint，其他版本类同。

7.1 文字处理应用

人们在生活和工作中经常会用到各种各样的电子文档和打印稿，而 Word 是一个功能强大的文档处理软件，不仅提供了一整套编辑、设置工具，还具有易于使用的界面，常用于制作和编辑日常文档、办公文档、书籍、论文等。例如，图 7-1 所示的样例 1 涉及基本的字符、段落、页面和图文混排等排版操作，图 7-2 所示的样例 2 涉及长文档目录、页眉、页脚等排版操作。

这种对文档的编辑、排版处理就属于文字处理工作。

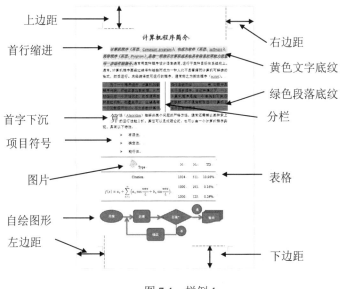

图 7-1　样例 1

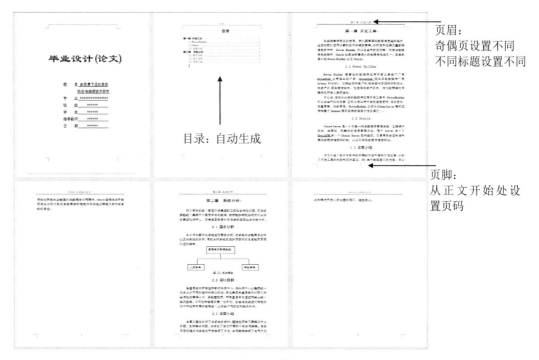

图 7-2　样例 2

7.1.1　创建和编辑文档

以 Word 2010 为例，运行后自动进入一个空白文档编辑状态，工作界面如图 7-3 所示。其中，功能区主要包括选项卡、组、命令和对话框启动器，如图 7-4 所示。

在文档编辑区中输入内容时，注意以下方法的使用。

① Insert（Ins）键。这是键盘上的一个按键，它控制输入时的插入/修改两种状态，如果新输入的文字替换了光标后的文字，说明当前处于修改状态，需要使用 Insert 键切换到插入状态。

② 复制、剪切、粘贴。命令位于"开始"选项卡→"剪贴板"组或使用组合键"Ctrl+C""Ctrl+X""Ctrl+V"分别进行复制、剪切、粘贴操作。

在编辑少量重复内容时可通过使用它们实现，以减少输入操作失误，提高效率。

当保存文档时，注意以下方法的使用：命令位于"文件"选项卡→"选项"命令→"保存"选项。设置自动恢复功能的操作如图 7-5 所示。

Word 每隔一段时间会自动保存文档，在自动保存文档的时间间隙中若遇到意外，如突然断电、死机等，造成文档未来得及保存时有自动恢复功能，在图 7-5 中可以修改保存自动恢复信息时间间隔和查询自动恢复文件位置。

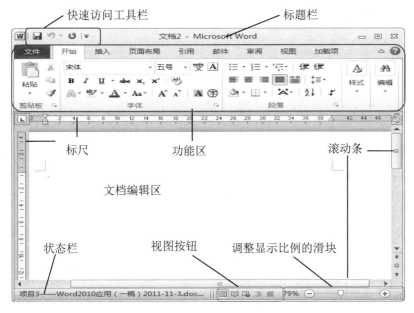

图 7-3 Word 2010 工作界面

图 7-4 Word 2010 功能区

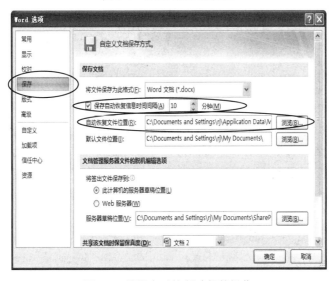

图 7-5 设置自动恢复功能的操作

7.1.2 格式化和排版文档

Word 按照字符、段落和页面 3 个层次提供了格式化文档的相应工具和排版命令。

1. 字符排版

字符排版是指以若干文字为对象进行格式化。操作时应先选择操作对象，常见的格式化有字体、字号、字形等文字的修饰。命令位于"开始"选项卡→"字体"组。

2. 段落排版

段落是文本、图形、表格或其他对象等的集合，正常的文档在段落的最后会有一个段落标记符（回车即会产生段落标记符）。段落排版是指对整个段落的外观进行格式化。命令位于"开始"选项卡→"段落"组。

（1）对齐与缩进。

在文档中，对齐可使文本层次关系更清晰，有左对齐、居中对齐、右对齐、两端对齐和分散对齐。有时为了使段落层次分明，需要在某些段落设置缩进，有左缩进、右缩进、首行缩进、悬挂缩进。人们处理文档的一般习惯是文档标题居中对齐；除标题外，其他每个自然段的第 1 行向内缩（首行缩进）2 个汉字。

（2）行间距与段间距。

行间距是段落中行与行之间的距离。段间距是段与段之间的距离，有"段前"和"段后"两种设置。中文文档默认的行间距是单倍行距，默认的段前和段后间距都是 0 行。

（3）项目符号和编号。

项目符号和编号是放在文本前强调效果的一个符号或可自动编排的数字。合理使用项目符号和编号可让文档层次结构更清晰。

（4）边框和底纹。

给文字或段落加上边框和底纹，可使内容更加醒目。在"段落"组中选择"边框"命令右边的下拉列表，打开"边框和底纹"对话框，选择"边框"选项或"底纹"选项，对边框或底纹设置完成之后，注意最后一定要选择应用于"文字"还是"段落"，二者的结果有很大差异。

（5）巧用格式刷和替换功能。

在对多个字符或多个段落进行相同格式设置时，可以巧用格式刷或替换功能。

格式刷可以方便地将选定的源对象格式复制到目标对象上，命令位于"开始"选项卡→"剪贴板"组，适用于字符格式和段落格式的复制。当复制格式时，首先定位在源对象处，单击或双击"格式刷"按钮，然后在目标对象处刷一下。单击只能复制一次，双击可以多次复制，再次单击"格式刷"按钮即取消格式复制状态。使用格式刷复制格式虽然方便，但是对目标对象的查找不方便，手工查找可能会漏掉部分数据。

替换功能可以实现批量数据的重复自动修改，命令位于"开始"选项卡→"编辑"组，适用于文字、文字格式、特殊字符的批量替换。

【例 7.1】将文中所有的英文字符格式设置为"蓝色、加下画线"。

实现方法如下。

① 单击"开始"选项卡→"编辑"组→"替换"命令，打开"查找和替换"对话框。

② 将插入点光标定位在"查找内容"文本框中，单击"更多"按钮→"特殊字符"按钮→选择"任意字母"，"查找内容"文本框中显示"^\$"。

③ 将插入点光标定位在"替换为"文本框中，单击"格式"按钮，打开"字体"对话框，设置字体颜色和下画线线型。

④ 单击"全部替换"按钮。

（6）巧用文本选择区选择对象。

当选择操作对象时，如果操作对象是部分文字，那么在文本编辑区内按住鼠标左键拖曳即可进行选择；如果操作对象是全部文字（全选），那么快速选择方式是利用文本选择区（文档正文左边的空白区域，光标变为右上斜向的空心状）进行选择，单击为选中当前行，双击为选择当前自然段，三击为选择全部。

全选还可以使用组合键"Ctrl+A"。

3. 页面排版

页面排版反映了文档的整体外观和输出效果，包括纸张大小和方向、页边距、页眉/页脚等。

（1）页面设置。

在新建一个文档时，Word 提供了一个默认的页面值。打开"页面设置"对话框，可以在页边距、纸张、版式、文档网格 4 个选项页中对页面值进行修改。其中包括的内容有上、下、左、右的页边距，纸张的大小和方向，页眉/页脚至边界的距离，奇偶页的页眉/页脚是否一样，每行的字数，每页的行数等。命令位于"页面布局"选项卡→"页面设置"组。

Word 编辑打印的正文只能在页边距以内。

（2）分栏。

分栏是把一个文档分几列显示的排版操作，在报纸、杂志的排版中常用，几个栏宽可以相同也可以不同，栏中间可以选择是否有分隔线。命令位于"页面布局"选项卡→"页面设置"组→"分栏"。"分栏"对话框如图 7-6 所示。

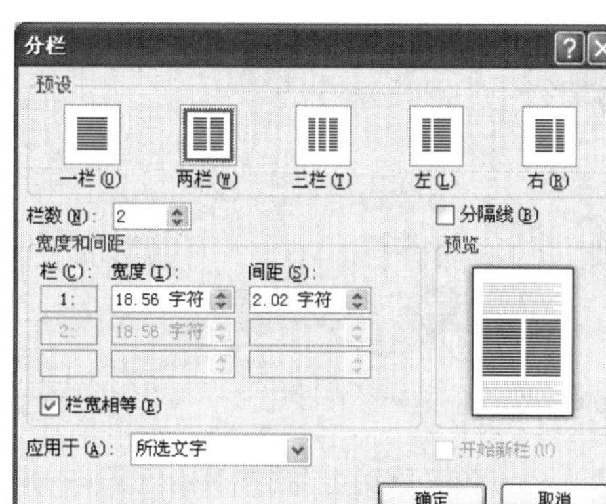

（3）页眉和页脚。

页眉在上页边距上，页脚在下页边距上，一般用页眉/页脚表示文章的标题名、单位名、单位徽标、日期、页码等信息。命令位于"插入"选项卡→"页眉和页脚"组。

图 7-6 "分栏"对话框

（4）分页符和分节符。

分页符可以控制文档分页；分节符具备分页符的功能，同时它是页面排版的最大单位，当需要改变分栏数、页眉/页脚、页边距、纸张等特性时，就需要插入分节符把文档分成不同的节，从而实现上一节和下一节显示不一样的排版效果。命令位于"页面布局"选项卡→"页

大学计算机基础——计算思维视角

面设置"组→"分隔符"。

Word 在编辑文档时默认使用页面视图，该视图不能看到分隔符，如果想看到分隔符，如设置的分页符，则可使用草稿视图，在草稿视图下，不仅能看到分页符，还可以对分页符进行编辑操作，如复制、删除等。

【例 7.2】某学校对毕业论文的排版要求是：实现奇数页页眉为内容（如目录）或章（如第 1 章）的页眉，不同章页眉不同；偶数页页眉为"******大学毕业论文"；页眉下画线为宽度 2.25 磅的单线；页码放在页脚处，目录的页码格式为罗马字母Ⅰ、Ⅱ、Ⅲ等，正文（从第 1 章开始）的页码为数字，目录和正文的页码都从 1 开始编码。

假设文档共 6 页，第 1 页为封面，第 2 页为空白（以后需要生成目录），后面 4 页为正文，共有 2 章，如图 7-2 所示。

实现方法如下。

① 首先设置整体的页面：单击"页面布局"选项卡→"页面设置"组→ "页面设置"对话框，在"纸张"选项页中选择纸张，在"版式"选项页中勾选"奇偶页不同"和"首页不同"复选框。

② 设置分节符：在 6 页文档中，封面、目录、第 1 章、第 2 章共有 4 种不同的页面设置，所以需要使用 3 个分节符进行分隔。插入点光标分别定位在"目录""第 1 章""第 2章"文字前，单击"页面布局"选项卡→"页面设置"组→"分隔符"下拉列表→"下一页分节符"命令。

③ 输入页眉内容：单击"插入"选项卡→"页眉和页脚"组→"页眉"下拉列表→"编辑页眉"命令→输入"目录"。

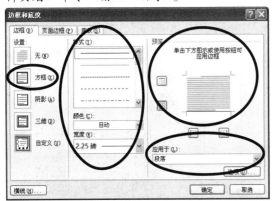

图 7-7　"边框"选项页中的操作

此该操作需要偶数页再重复一次。

图 7-8　"页眉和页脚工具-设计"选项

④ 设置页眉下画线：选择页眉上的"目录"→单击"开始"选项卡→"段落"组→"边框和底纹"下拉列表→"边框和底纹"命令，在"边框和底纹"对话框的"边框"选项页中，操作如图 7-7 所示。

● 在"设置"中选择方框。
● 在"样式"中选择线型和宽度。
● 在"应用于"中选择段落。
● 在"预览"中去掉方框的上、左、右线段。

注意，由于已经设置了奇偶页不同，因此该操作需要偶数页再重复一次。

⑤ 修改不同章的页眉文字：现在所有奇数页的页眉和所有偶数页的页眉均相同，相同的原因是默认"链接到前一条页眉"。"页眉和页脚工具-设计"选项卡属于上下文选项卡，使用时才会出现，如图 7-8 所示。不同的页眉设置需要去掉"链接到前一条页眉"。

例如，在第 1 章页上，先去掉"链接到前一条页眉"，再修改页眉文字；先去掉目录页"链接到前一条页眉"，再删除封面上的页眉；而偶数页正好利用"链接到前一条页眉"这个选项，所以不用修改。

⑥ 输入页码：光标定位在页脚处，单击"插入"选项卡→"页眉和页脚"组→"页码"下拉列表→"当前位置"选项→选择"普通数字"或其他数字格式，并设置居中。注意，此操作需要在奇数页上操作一次，在偶数页上再操作一次。页码默认为"链接到前一条页眉"，编号默认为"续前节"，所以此时页码为从封面开始向后连续编号。

图 7-9 "页码格式"对话框

⑦ 修改页码格式：光标定位在目录的页码上→单击"插入"选项卡→"页眉和页脚"组→"页码"下拉列表→"设置页码格式"选项，打开"页码格式"对话框，如图 7-9 所示，设置页码编号为从起始页码 1 开始，编号格式选择罗马字符。

对第 1 章页码的修改类同，不同的是编号格式为数字即可。

注意，因为封面既没有页眉也没有页脚，所以在删除封面页脚前，需要先去掉目录页码上的"链接到前一条页眉"。

⑧ 关闭"页眉和页脚工具–设计"选项卡：全部操作结束后，在文档编辑区中双击或在功能区中单击"关闭页眉页脚"命令。

7.1.3 表格和图文混排

为了使文档更加生动形象，在电子文档中经常使用表格和图。

1. 表格

表格是由若干行和若干列组成的，行和列交叉的小格子称为单元格。单元格中可以插入字符、图形、另一个表格。在实际使用时，还可以利用表格对齐多列文字内容。

（1）创建表格。

命令位于"插入"选项卡→"表格"组。在"表格"下拉列表中选择相应的功能即可创建表格。

（2）编辑表格。

可以对建好的表格进行修改，改前需要先选定表格对象。单击表格左上角的 ⊞ 符号可以选定整张表格；单击表格某一列上的 ↓ 符号可以选定该列；单击表格左侧空白区的 ⌐ 符号可以选定对应一行；在单元格左侧单击 ↗ 符号可选定该单元格；在选定内容上右击，即可在快捷菜单中选择所需要的操作，或者在"表格工具–设计/布局"上下文选项卡中选择对应的命令进行操作。

在对应单元格中定位光标就可以输入表格内容。

（3）格式化表格。

可用"表格属性"命令对表格整体进行格式化设置，包括行高、列宽、单元格内文字边距等；用"边框和底纹"命令设置表格边框的线型和有、无。

表格内容的格式化方法与文本格式化方法相同。

2．插图

Word 允许在文档中插入多种图形，如图片、形状、公式等图形符号。命令位于 "插入"选项卡→"插图"组。

（1）图片。

当插入图片时涉及图文混排，Word 主要有嵌入型、四周型、浮动型等几种图文混排方式，刚插入的图片默认为嵌入型。如果插入图片后图片不能完整显示而只显示底部一小条，说明图片所在行的行间距不够，这时把该行的行间距设置为单倍行距即可。

图 7-10　取消"锁定纵横比"

可用"图片工具-格式"上下文选项卡中的"大小"组调整图片的大小和对图片进行裁剪。在调整图片大小时，有时图片的宽度会随着高度的变化而变化（或者高度随着宽度的变化而变化），这时需要取消图片的"锁定纵横比"。修改图片的操作命令位于"图片工具-格式"上下文选项卡→"大小"组，单击"大小"组对话框启动器，打开"布局"对话框的"大小"选项页，取消"锁定纵横比"，如图 7-10 所示。

（2）形状。

Word 提供了线、方形、圆等多种形状的图形，可以绘制图形并进行调整大小、旋转、添加文本、设置边框线、填充颜色等编辑操作，刚绘制的图形默认为"浮于文字上方"。先绘的图位于下层，后绘的图位于上层，可以调整它们的叠放次序。

当一个图形由若干个小形状构成时，建议同时选取多个形状进行组合，把它们组合成一个整体。在修改时可以取消组合，修改成功后再重新组合。

注意，修改叠放次序和组合、取消组合操作，都不能在"嵌入型"状态下进行。

（3）公式。

Word 提供了方便的公式编辑器，命令位于"插入"选项卡→"符号"组→"公式"。

3．文字图形效果

（1）文本框。

当需要在图片上添加文字时，需要用文本框。文本框也是形状中的一种，操作方式同形状。

（2）首字下沉。

首字下沉是指段落中的第 1 个字变大，目的是引人注目。命令位于"插入"选项卡→

"文本"组→"首字下沉"。

7.1.4　长文档处理

对于长文档，Word 提供了文本导航功能和目录自动生成功能。文本导航可以在长文档中精确"导航"，快速定位文档位置；编写的书籍、论文等长文档一般在开始部分都有目录，以便全面反映文档的内容和层次结构，便于阅读。

1．目录结构

无论是文本导航还是目录生成，必须事先应用了样式中的标题或设置了目录结构，否则就无法使用文本导航或目录生成功能。这是因为 Word 只能提取文本的非"正文文本"的内容。Word 在预设的"样式"中已经事先预置了标题的目录级别，因此，可以利用 Word 的样式来格式化文档，以获取对应的目录级别。但是，如果样式的字体、字号不符合已定的排版要求，就需要重新对标题进行设置，或者修改样式。

图 7-11　设置目录级别

也可以在"段落"对话框中直接设置目录级别（大纲级别），如图 7-11 所示。Word 共提供了 9 种目录级别，在编辑文本时默认为"正文文本"。

2．文本导航

Word 使用导航窗格进行文本导航，打开导航窗格的 Word 文档窗口如图 7-12 所示。打开导航窗格的命令位于"视图"选项卡→"显示"组。

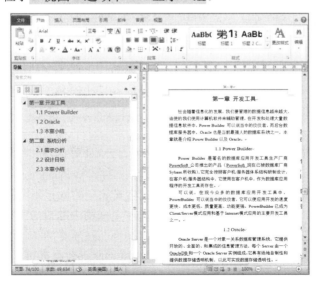

图 7-12　打开导航窗格的 Word 文档窗口

3. 自动生成目录

设置好了目录的级别，就可以生成目录了。生成目录的命令位于"引用"选项卡→"目录"组。

【例 7.3】对例 7.2 文档在目录页空白处自动生成目录。

实现方法如下。

① 设置目录级别：把所有的章标题设置为 1 级，所有的节标题设置为 2 级，如果需要，可以继续设置 3 级标题、4 级标题。设置方法是选中章或节标题，单击"开始"选项卡→"段落"组对话框启动器，在"段落"对话框中选取对应的大纲级别。

② 检查：在生成目录之前，最好用导航窗格先检查一下设置的大纲级别是否正确，是否有漏项或层次设置不正确。单击"视图"选项卡→"显示"组→"导航窗格"，打开导航窗格。

③ 生成目录：单击"引用"选项卡→"目录"组→"目录"→"插入目录"，在"目录"对话框中选择"显示级别"，如图 7-13 所示。由于本例中只设置了 2 层目录级别，因此应选择"2"。

图 7-13 "目录"对话框

4. 邮件合并

在实际工作中有时需要向多人或多单位发送通知、单据等文档信息，这种文档信息中的大多数内容相同，排版格式完全一致，仅部分内容（如姓名、实际金额）不同，这时可使用邮件合并功能。

邮件合并过程有 3 个步骤。

（1）准备数据源。可以使用 Word 的表格功能、Excel 等创建二维表的数据源，并保存文件。

（2）准备主文档。主文档的内容就是内容、格式相同的固定不变的内容。

（3）邮件合并。把数据源与主文档合并，即在主文档中的对应位置插入数据源中的数据，最后形成多个具有相似格式的版面。操作方法为：在主文档中，单击"邮件"选项卡→"开始邮件合并"组→"选择收件人"下拉列表→"使用现有列表"选项，定位光标，选择"编写和插入域"组→"插入合并域"。

部分操作分类和操作命令所处选项卡位置如表 7-1 所示。

表 7-1 部分操作分类和操作命令所处选项卡位置

分类		操作	命令所处选项卡位置
文档排版	字符排版	字体、字号、颜色等	"开始"选项卡→"字体"组
	段落排版	对齐、缩进、行间距、项目符号、边框和底纹等	"开始"选项卡→"段落"组
	页面排版	页边距设置、分栏、分节符等	"页面布局"选项卡→"页面设置"组
		页眉/页脚、页码	"插入"选项卡→"页眉和页脚"组 "页眉和页脚工具-设计"上下文选项卡
表格和图文混排		表格	"插入"选项卡→"表格"组 "表格工具-设计/布局"上下文选项卡
		图片	"插入"选项卡→"插图"组 "图片工具-格式"上下文选项卡
		自绘图形（形状）	"插入"选项卡→"插图"组 "绘图工具-格式"上下文选项卡
		首字下沉	"插入"选项卡→"文本"组
长文档处理		生成目录	"引用"选项卡→"目录"组

7.2 电子表格应用

表格是由行、列组成的二维表。虽然 Word 提供了对表格的编辑、排版等功能，但其强项是字处理，而 Excel 是一个强大的表格处理工具，其最大的特点是可快速地对数据进行计算、排序、汇总、分析等，而且当某些数据修改后，计算结果会对应改变而无须人工干预。对于图 7-14 所示的样例 3，表格中只有姓名、学号、数学、外语、计算机这些基础数据需要手工输入，其余均用公式计算或用数据的图表功能生成。电子表格对数据处理的强大功能使得它的应用非常广泛。

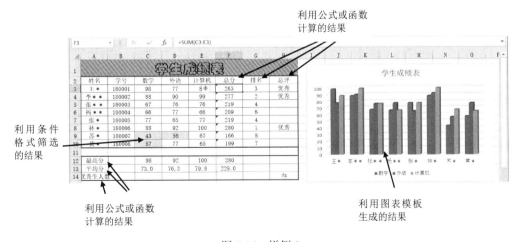

图 7-14 样例 3

7.2.1 电子表格基础

以 Excel 2010 为例，工作界面如图 7-15 所示。

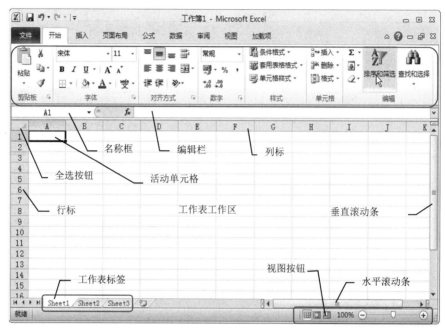

图 7-15 Excel 2010 工作界面

1. 基本概念

（1）工作簿（Book）。在 Excel 中，工作簿就是用于存储和处理数据的文件，文件扩展名为.xlsx。在默认情况下，工作簿中有 3 张工作表，可根据需要修改工作表标签名或添加、删除工作表。

（2）工作表（Sheet）。工作表是当前窗口的主体，由排列成行（用数字表示行标）和列（用字母表示列标）的单元格组成。默认工作表名称为 Sheet1、Sheet2、Sheet3，可更改，当前工作表为 Sheet1。

（3）单元格。工作表中行和列交叉的格子称为单元格。它是工作表的基本单元，输入任何数据都保存在单元格中。每个单元格都有唯一的地址标识（单元格名），由"列号"和"行号"组成，如"B3"表示第 B 列第 3 行单元格。完整的单元格名为[工作簿名]工作表名!单元格名，用来区别不同工作簿、工作表中的单元格。在当前工作簿和当前工作表下，工作簿名和工作表名均可省略。

（4）活动单元格。被选中的单元格称为活动单元格，此时该单元格的边框变成粗黑框，活动单元格名显示在名称框内，活动单元格的内容或正在输入的数据显示在编辑栏内。修改内容时可以在活动单元格内（双击单元格）修改，也可以在编辑栏内（单击编辑栏）修改。

（5）单元格区域。单元格区域是指由多个单元格组成的矩形区域，由其左上角单元格和右下角单元格组合来标识该矩形区域，中间用":"隔开，如 A2:D5。

2．输入数据

在单元格中可以输入文本、数字、日期和公式等，不同类型的数据在输入方法上有些差别。可以通过"设置单元格格式"对话框（见下文格式化表格中设置单元格格式），提前改变单元格的数字类型，也可以在输入时加上一个特殊符号以示区分。

（1）输入文本。只要输入内容包括汉字、字母、空格等字符，均认为是文本数据，可直接输入，默认左对齐。文本内容不参与计算。

在同一个单元格中需要文本换行时，可选择"开始"选项卡→"对齐方式"组→"自动换行"或直接按组合键"Alt＋Enter"。当单元格中的字符内容变为若干个"#"时，表示该列没有足够的宽度，需要调整列宽。

（2）输入数字。数字也可以直接输入，默认右对齐。但是对一些特殊数字有一些特殊要求：

当输入分数时，需要首先输入一个 0，然后输入一个空格，再输入分数，如分数 1/3 应输成"0 1/3"；当输入不含 X 的身份证号码时，因长度超过 11 位会自动转换为科学记数法表示，所以需要以字符形式输入，即在数字前加一个单引号"'"。

（3）输入日期和时间。日期按年、月、日的顺序输入，使用英文符号"/"或"-"分隔。例如，2022 年 10 月 16 日，可输入 2022/10/16 或 2022-10-16；时间按小时、分、秒的顺序输入，使用英文符号 ":"分隔，如果按 12 小时制输入时间，则需要在时间后留一个空格，并输入 AM 或 PM（AM 表示上午，PM 表示下午），如晚上 11 点 10 分，可输入 11:10 PM。

如果输入当天的日期，则可用组合键"Ctrl+;"。如果输入当天的时间，则可用组合键"Ctrl＋Shift＋;"。

（4）输入公式。当输入公式时，需要先输入符号"="。Excel 要求公式或函数前必须有"="号。

3．使用"填充柄"自动填充规律数据

使用"填充柄"可以按等差规律递增或递减自动填充数值型数据，也可以按数值顺序自动填充文本型数据，还可以从 Excel 的自定义序列中获取新数据。图 7-16 所示是根据选择的 2 个单元格（纯数值，差值为 1）的等差关系，用"填充柄"向下拖曳从而生成的有规律的新数列；图 7-17 所示是根据选择的 1 个单元格（文本内容中含有数值）的数值顺序，用"填充柄"向右拖曳从而生成的有规律的新数列；图 7-18 所示是用"填充柄"快速提取自定义序列。

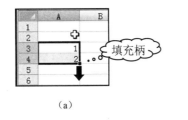
（a）

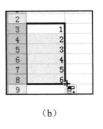
（b）

图 7-16　用"填充柄"快速输入等差数列

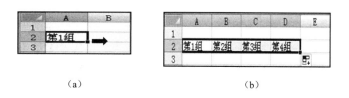

（a）　　　　　　　　　　（b）

图 7-17　用"填充柄"快速输入序列

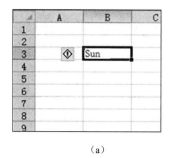 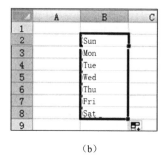

（a）　　　　　　　　　　（b）

图 7-18　用"填充柄"快速提取自定义序列

如果经常需要输入一些数据，但数据之间没有显见的规律，这时可以把它们添加到自定义序列中。方法为：单击"文件"选项卡，选择"选项"命令，在"Excel 选项"对话框的左窗格中选择"高级"命令，单击"常规"组中的"编辑自定义列表"按钮，然后在"自定义序列"对话框中操作。添加自定义序列如图 7-19 所示。

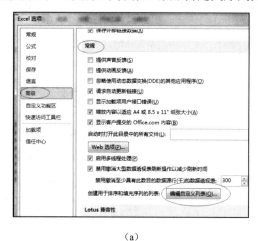 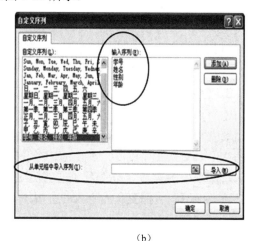

（a）　　　　　　　　　　（b）

图 7-19　添加自定义序列

4．格式化表格

（1）设置单元格格式。

利用"开始"选项卡→"数字"组或"开始"选项卡→"对齐方式"组或"开始"选项卡→"字体"组都可以打开"设置单元格格式"对话框，其中"数字"选项页中可对数字格式进行设置，如图 7-20 所示。"对齐"选项页中可在垂直和水平方向设置居中对齐。

（2）设置边框和取消边框。

网格线是围绕在单元格四周的淡色线，用于区分工作表上的单元格。在默认情况下，网格线不会被打印。为了打印出有网格线的表格，需要给表格添加各种线型的边框。命令位于"开始"选项卡→"字体"组→"边框"选项，"边框"选项页如图 7-21 所示。

图 7-20　"数字"选项页

图 7-21　"边框"选项页

（3）设置条件格式。

Excel 中的条件格式功能可以根据单元格内容有选择地自动应用格式，它为 Excel 增色不少，还为我们带来很多方便。条件格式主要用于对符合特定条件的数据进行标示，动态地突出显示某些数据。命令位于"开始"选项卡→"样式"组→"条件格式"。

7.2.2　使用公式与函数

Excel 的最大功能就体现在计算上，它可以使用公式和大量的函数完成对数据的统计和计算。

1．公式

Excel 中的公式类似于数学中的公式，由函数、引用、运算符和常量组成，开头必须是"="符号。它可以对工作表中的数据进行加、减、乘、除、求和等基本的数学运算，也可以进行复杂的数学运算。Excel 的运算符有算术运算符、关系运算符、逻辑运算符、文本运算符和引用运算符，同时规定了运算的优先级，算术运算优先级最高，同级别的算术运算先乘方、再乘除、最后加减，同级别的逻辑运算先逻辑非、再逻辑与、最后逻辑或，关系运算优先级相同，圆括号可以改变优先次序。Excel 运算符如表 7-2 所示。

表 7-2　Excel 运算符

运算符名称	运算符的符号及意义	运算优先级
算术运算符	+（加）、-（减）、*（乘）、/（除）、%（求百分数）、^（乘方）	高
文本运算符	&（连接运算符）	
关系运算符	>（大于）、>=（大于或等于）、<（小于）、<=（小于或等于）、=（等于）、<>（不等于）	低
逻辑运算符	NOT（逻辑非）、AND（逻辑与）、OR（逻辑或）	
引用运算符	:（冒号，区域运算符）、,（逗号，联合运算符）	在函数中使用

其中，":"运算符用于定义一个单元格区域，如 B3:B5 表示从 B3 单元格到 B5 单元格的矩形区域；","运算符可将两个或多个单元格区域连续起来。例如，在单元格 A4 中输入公式"= AVERAGE(A1: B2 , D1 , C2)"表示 A4 单元格的计算结果是对 A1 至 B2 区域、D1 和 C2 单元格内的数据求平均值。

2. 函数

函数是预先定义的一些公式。Excel 提供了许多内部函数，如数学函数、财务函数、日期函数、统计函数、数据库函数等，利用这些函数可以帮助用户快速完成一些复杂的运算。

（1）函数的形式。函数的语法形式为：

函数名(参数 1,参数 2,…)

其中，函数名说明该函数的功能；参数是函数运算时要用的量，可以是数值、用双引号引起的字符串、单元格引用、区域范围或其他函数。

注意，函数是作为一个整体应用在公式中的，其参数必须用一对西文括号"( )"括起来。当函数嵌套使用时，括号必须成对匹配。

当输入函数时，既可以直接输入函数名，又可以通过编辑栏的"插入函数"按钮，在"插入函数"对话框中利用函数向导完成输入。

【例 7.4】C3 单元格的值按下列规则计算：当 A3、B3 单元格均大于 0 时，按 A3×B3 计算，否则按 -1 计算。

在 C3 单元格输入公式：=IF(AND(A3>0 , B3>0) , A3*B3 , -1)

【例 7.5】设 E2 单元格为一个成绩值，要求根据 E2 的成绩值在 F2 单元格显示优、良、中、及格、不及格。

在 F2 单元格输入公式： =IF(E2>=90 , "优" , IF(E2>=80 , "良", IF(E2>=70 , "中", IF(E2>=60 ,"及格","不及格"))))

（2）常用函数。Excel 的常用函数如表 7-3 所示。

表 7-3 Excel 的常用函数

函数名	函数功能
AVERAGE	计算一组数的平均值
COUNT	统计一组数中数值的个数
COUNTA	统计一组数中不为空的个数
COUNTBLANK	统计一组数中空值的个数
COUNTIF	统计一组数中满足条件的数值个数
IF	判断，若为真，返回一个值，否则返回另一个值
MAX	计算一组数中的最大值
MIN	计算一组数中的最小值
RANK	计算数值在一组数中的排名
SUM	计算一组数的数值和
SUMIF	计算一组数中满足条件的数值和

3．公式复制和单元格的引用方式

Excel 的公式可以复制，相同公式只需要输入一次，利用单元格右下角的"填充柄"就可以把公式复制到邻近的其他单元格。但是在复制时，由于单元格的引用方式不同，因此会有不同的效果。

（1）相对引用。相对引用是指公式所在单元格与引用单元格之间的位置是相对的。当公式所在单元格地址发生改变时，引用的单元格地址也会按照原来的相对位置发生变化。

例如，D2 单元格的公式为"=(A2+B2)*C2/3"，它引用了自己左边的三个单元格。当把 D2 单元格中的公式复制到 D7 单元格时，该公式自动变为"=(A7+B7)*C7/3"，即 D7 也引用了自己左边的三个单元格。

（2）绝对引用。绝对引用是指公式所在单元格与引用单元格之间的位置关系固定不变。其方法是在单元格地址的列标和行标前各加一个"$"字符。

例如，D2 单元格的公式为"=(A2+B2)*C2/$B$1"，此时它对 B1 单元格的引用方式是绝对引用。当把公式复制到 D7 单元格时，该公式自动变为"=(A7+B7)*C7/$B$1"，即 D7 也绝对引用了 B1 单元格。

（3）混合引用。有时在复制公式时需要列地址和行地址中的一个保持不变，而另一个可变，这种引用称为混合引用。例如，$A1 和 A$1，前者表示列地址不变（绝对引用 A 列），行地址变化；后者表示行地址不变（绝对引用第 1 行），而列地址变化。

说明：当向下或向上复制公式时，相对引用的单元格列号不变，行号发生改变；向左或向右复制公式时，相对引用的单元格行号不变，列号发生改变。无论向哪个方向复制单元格，绝对引用的单元格行号、列号均不改变。

【例 7.6】针对图 7-14 所示的样例 3，完成表中用函数计算的结果。

实现方法如下。

① 在 C12 单元格输入公式：=MAX(C3:C10)，使用"填充柄"复制公式到 D12、E12、F12 单元格。

② 在 C13 单元格输入公式：=AVERAGE(C3:C10)，同样复制公式到 D13、F13 单元格。

③ 在 F3 单元格输入公式：= SUM(C3:E3)，同样复制公式到 F4、F5、……、F10 单元格。

④ 在 G3 单元格输入公式：=RANK(F3,F$3:F$10)，同样复制公式到 G4、G5、……、G10 单元格。注意，G3 单元格的内容表示 F3 中的数值在 F3~F10 区域的一组数中的排序名次，复制公式后，G4 单元格的内容表示的应是 F4 中的数值在 F3~F10 区域的一组数中的排序名次，因此必须使用单元格的绝对引用方式或混合引用方式，公式是上下复制的，保证行号不变即可。

⑤ 总评为优秀的要求是总分（在 F 列）大于平均分（在 F13 单元格）。因此，在 H3 单元格输入公式：= IF(F3>F$13,"优秀"," ")，同样复制公式到 H4、H5、……、H10 单元格。

⑥ 在 H14 单元格输入公式：=COUNTIF(H3:H10,"优秀")，中文显示利用"设置单元格格式"对话框完成。设置中文大写数字操作示例如图 7-22 所示。

大学计算机基础——计算思维视角

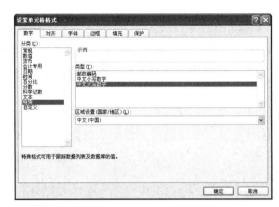

图 7-22　设置中文大写数字操作示例

7.2.3　数据的管理与图表化

Excel 不仅具有强大的数据计算功能，还具有较强的数据管理能力。Excel 可以对大量数据进行排序、筛选、分类汇总及统计等操作，甚至可将结果以统计图的形式显示。

1．数据排序

数据排序是数据分析常用的操作。Excel 可以对一列或多列中的数据按文本、数字、日期或时间进行升序、降序，或者按用户自定义的方式进行排序。排序命令位于"开始"选项卡→"编辑"组或"数据"选项卡→"排序或筛选"组。

（1）对单一列（一个字段）排序。

只需把活动单元格置于待排序列的其中一个单元格上，直接选择"升序"或"降序"命令即可。注意，单一列排序操作不可选择整个排序列。

（2）对多列（多个字段）排序。

需要选中所有涉及的数据，打开"排序"对话框，添加并设置多个排序条件。

2．数据筛选

数据筛选是指在数据表中显示满足条件的数据。数据筛选是查找和处理数据子集的快捷方法，它仅显示满足条件的行，而隐藏其他行。命令位于"数据"选项卡→"排序或筛选"组。

（1）自动筛选。

在一般情况下，自动筛选能够满足大部分需要。

【例 7.7】设有成绩表格数据，要求筛选出英语、数学、平均分均在 90 分及以上的学生名单。

自动筛选操作如图 7-23 所示。

① 将活动单元格置于数据区中的任一位置，单击"数据"选项卡→"排序或筛选"组→"筛选"，此时在数据清单的首行列标题中出现自动筛选按钮 ▼ 。

② 单击列标题"英语"中的筛选按钮，显示筛选器选择列表，先选择"数字筛选"命令，再选择"大于或等于"命令，在"自定义自动筛选方式"对话框中输入筛选条件，单击

134

"确定"按钮，如图 7-24 所示。

③ 重复②分别对数学列、平均分列进行相同操作。

④ 自动筛选最终结果如图 7-25 所示。

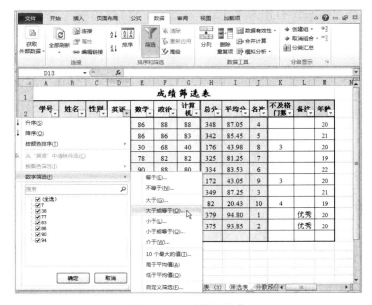

图 7-23　自动筛选操作

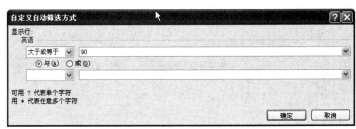

图 7-24　"自定义自动筛选方式"对话框

图 7-25　自动筛选最终结果

（2）高级筛选。

如果需要使用复杂的条件来筛选数据，则必须使用高级筛选功能。高级筛选是指按给定的条件区域对数据进行筛选，可筛选同时满足多个条件的数据。

【例 7.8】设有工作表名为"成绩筛选表"的成绩表格数据，要求筛选出需要补考的学生名单。

使用高级筛选实现的界面和筛选的结果如图 7-26 所示。

① 准备工作：在表格的空白处（与需要筛选的数据分隔开）建立条件区域，用于指定筛选数据所满足的条件。

条件区域的第一行是所有作为筛选条件的列名，其他行则是手工输入筛选条件的数据区域。要实现条件的"与"运算，应将条件输入在同一行的各自列中，如图 7-26 中筛选的条件区域所示；要实现"或"运算，应将条件输入在不同行的各自列中，高级筛选条件区域中条件的表示如图 7-27 所示。

② 选择需要排序的数据区域，单击"数据"选项卡→"排序或筛选"组→"高级"命令，在"高级筛选"对话框中，按图 7-28 所示进行参数设置。

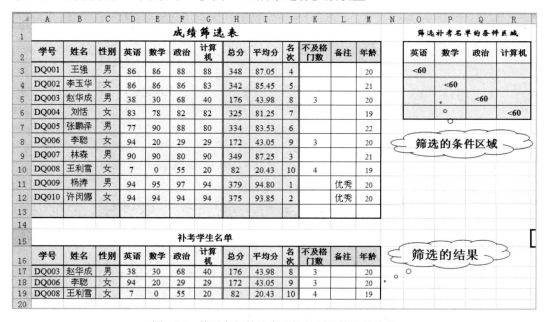

图 7-26 使用高级筛选实现的界面和筛选的结果

图 7-27 高级筛选条件区域中条件的表示

图 7-28 "高级筛选"对话框

3. 分类汇总

分类汇总能够按列自动进行分类统计，并且可以对分类统计后不同类别的明细数据进行分级显示。这是 Excel 中经常用到的一种操作。命令位于"数据"选项卡→"分级显示"组。

为保证汇总结果正确，分类汇总之前需要先对分类的列进行排序。

【例 7.9】设有学生成绩数据，要求按性别分别统计出男生、女生的各科平均成绩和人数，既显示明细数据，又显示统计结果。

实现方法如下。

① 题目要求按性别进行分类统计，所以首先应按性别排序，操作略。

② 汇总的方式有两种，一种是求平均值，另一种是统计人数，所以要分别进行。例如，先选择计算平均值的分类汇总，则选中需要排序的数据区域，单击"数据"选项卡→"分级显示"组→"分类汇总"命令，在"分类汇总"对话框（见图 7-29）中完成设置。

③ 再统计人数，此时在图 7-29 中，将汇总方式改为"计数"，不勾选"替换当前分类汇总"复选框。

图 7-29　"分类汇总"对话框

4．生成图表

图表是工作表数据的图形表示，可以使枯燥的数据变得直观、生动，便于分析和比较数据之间的关系。

（1）了解图表元素。Excel 图表中包含了许多元素，在默认情况下只显示其中一部分元素，其他元素可以根据需要添加。图表元素如图 7-30 所示。

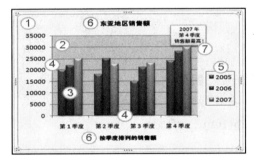

图 7-30　图表元素

（2）创建图表。创建图表首先应选择数据源，然后根据模板选择不同的图表。命令位于"插入"选项卡→"图表"组。

（3）图表格式化。通过移动图表元素、调整大小、更改格式，可以改变图表元素的显示，还可以删除不希望显示的图表元素。可通过"图表工具-设计"上下文选项卡和"图表工具-布局"上下文选项卡或手工直接操作完成图表格式化。

7.3　演示文稿应用

使用 PowerPoint 能够制作出集文字、图片、声音、视频于一体的演示文稿，可应用于教育教学、工作汇报、企业宣传、产品推介、婚礼庆典、项目竞标和管理咨询等领域的演讲、宣传和演示。

7.3.1 演示文稿基础

使用 PowerPoint 可以从头开始或根据模板创建演示文稿，并添加文字、图片、声音和视频，以及切换效果、动画和电影动作等，最终生成包含多张幻灯片的演示文稿文件，扩展名为 pptx。

1．PowerPoint 的工作界面

以 PowerPoint 2010 为例，它运行后自动创建一个空白的演示文稿，工作界面如图 7-31 所示。

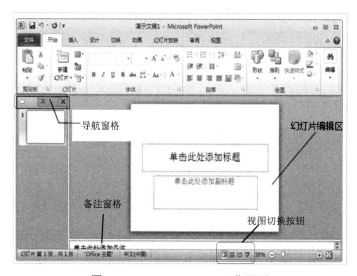

图 7-31　PowerPoint 2010 工作界面

对于所有 Office 应用工作界面的共同部分，如快捷工具栏、功能区选项卡与功能区、状态栏等，此处不再赘述。下面主要介绍 PowerPoint 工作界面的特殊部分。

导航窗格：在"幻灯片"选项卡中，幻灯片以缩略图的方式显示，可查看演示文稿的结构、幻灯片数量及其位置；在"大纲"选项卡中，幻灯片以文本内容的方式显示。

幻灯片编辑区：幻灯片的操作都在该核心区域完成，用于显示和编辑幻灯片。

备注窗格：为幻灯片添加备注作为补充，便于演讲者更好地讲解幻灯片的内容。

视图切换按钮：用于方便实现幻灯片 4 种视图模式的切换。

2．PowerPoint 的视图模式

为便于用户创建、编辑、浏览幻灯片，PowerPoint 提供了普通视图、幻灯片浏览视图、阅读视图和幻灯片放映视图 4 种模式。

（1）普通视图：默认的视图模式，用户可以对幻灯片结构进行调整、编辑。在窗口下方的视图栏中，单击"普通视图"按钮，可切换到普通视图模式。

（2）幻灯片浏览视图：可以浏览演示文稿中所有幻灯片的整体效果。在窗口下方的视图栏中，单击"幻灯片浏览"按钮，可切换到幻灯片浏览视图模式。

（3）阅读视图：以在窗口中放映幻灯片的效果展示幻灯片，滚动鼠标中轴选择显示上一页或下一页幻灯片。在窗口下方的视图栏中，单击"阅读视图"按钮，可切换到阅读视图模式。

（4）幻灯片放映视图：幻灯片将以全屏形式动态放映。在窗口下方的视图栏中，单击"幻灯片放映视图"按钮，可切换到幻灯片放映视图模式。

7.3.2　演示文稿的基本操作

1．创建演示文稿

启动 PowerPoint 程序后，自动创建一个空白的演示文稿；在"开始"选项卡"幻灯片"组中，首先单击"新建幻灯片"下拉列表，然后选择所需的版式。幻灯片版式如图 7-32 所示。

图 7-32　幻灯片版式

幻灯片版式不仅包含幻灯片上显示的所有内容的格式、位置和占位符框，还包含颜色、字体、效果和背景等。占位符是幻灯片版式上的虚线容器，它用于保存标题、正文文本、表格、图表、SmartArt 图形、图片、剪贴画、视频和声音等内容。选择占位符，输入文本、表格、图形的操作方式与 Word 类同。

2．编辑幻灯片

（1）添加幻灯片。

选择希望新幻灯片沿用其格式的幻灯片；单击"开始"选项卡，单击"新建幻灯片"下拉列表，选择布局，选择文本框和类型。

（2）删除幻灯片。

① 对于单张幻灯片：右击左侧窗格中的幻灯片，在弹出的快捷菜单中选择"删除幻灯片"命令。

② 对于多张不连续幻灯片：首先按住 Ctrl 键，在左侧窗格中选中多张幻灯片，然后释放 Ctrl 键，右击所选幻灯片并在弹出的快捷菜单中选择"删除幻灯片"命令。

③ 对于一系列（多张连续）幻灯片：首先按住 Shift 键，在左侧窗格中选中序列中的第一张和最后一张幻灯片，然后释放 Shift 键，右击所选幻灯片，在弹出的快捷菜单中选择"删除幻灯片"命令。

（3）复制幻灯片。

在左侧窗格中，右击要复制的幻灯片，在弹出的快捷菜单中选择"复制幻灯片"命令。被复制的幻灯片将立即插入原始幻灯片后面。

（4）重新排列幻灯片的顺序。

在左侧窗格中，首先选中要移动的幻灯片，然后将其拖曳到新位置。

（5）选择多张幻灯片。

首先按住 Ctrl 键，在左侧窗格中单击要移动的每张幻灯片，然后释放 Ctrl 键，将选中的幻灯片作为一组拖曳到新位置。

3．美化演示文稿

（1）幻灯片母版。

若要使所有的幻灯片包含相同的字体和图像（如徽标），那么在一个位置中便可以进行这些更改，即幻灯片母版，而这些更改将应用到所有幻灯片中。

单击"视图"选项卡，选择"幻灯片母版"选项，打开"幻灯片母版"视图。幻灯片母版如图 7-33 所示。

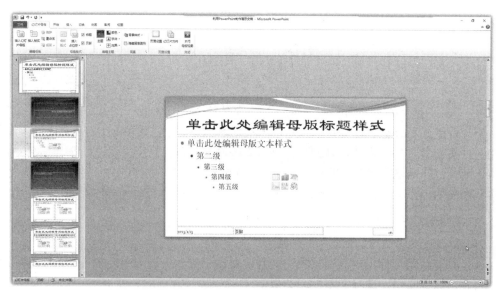

图 7-33　幻灯片母版

　　幻灯片母版是窗口左侧窗格中最上方的幻灯片。与母版版式相关的幻灯片显示在此幻灯片母版下方。

　　（2）演示文稿主题。

　　主题是相互辉映的一组预定义的颜色、字体、视觉效果（如阴影、反射、三维效果等）和背景设计方案，可应用于幻灯片以实现统一的外观。演示文稿的主题如图 7-34 所示。

图 7-34　演示文稿的主题

7.3.3　动画和超链接

1. 幻灯片的动画效果

　　可对文本、图片、形状、表格、SmartArt 图形及 PowerPoint 演示文稿中的其他对象进行动画处理。动画效果可使对象出现、消失或移动，或者更改对象的大小或颜色。动画应用于幻灯片上的单个对象，因此同一张幻灯片可以产生多个动画效果。

　　在演示文稿中向文本、图片和形状等对象添加动画的方法：选中要制作成动画的对象或文本，单击"动画"选项卡并选择一种动画，单击"效果选项"按钮并选择一种效果。在幻灯片中添加动画如图 7-35 所示。

　　在演示文稿中播放动画的方法有：单击时（单击幻灯片时启动动画）、与上一动画同时（与序列中的上一动画同时播放动画）、上一动画之后（上一动画出现后立即启动动画）、持续时间（延长或缩短效果）、延迟（效果运行之前增加时间）。

2. 幻灯片的切换效果

　　幻灯片的切换效果是在放映演示文稿期间，从一张幻灯片移到下一张幻灯片时出现的视觉效果，可以控制切换速度、添加声音和自定义切换效果外观等。注意，切换效果确定幻灯片如何进入及上一张幻灯片如何退出。如果不想要幻灯片 2 和幻灯片 3 之间的切换效果，则可从幻灯片 3 中删除切换效果。

　　为幻灯片添加切换效果的方法：选中要添加切换效果的幻灯片，单击"切换"选项卡，选择一种切换，可看到效果预览；单击"效果选项"按钮以选择切换的方向和属性，选择"预览"命令查看切换的效果；选择"全部应用"命令，可将切换效果添加到整个演示文稿。幻灯片的切换效果如图 7-36 所示。

大学计算机基础——计算思维视角

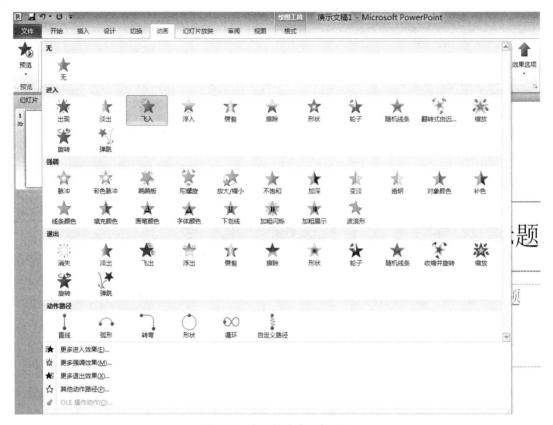

图 7-35　在幻灯片中添加动画

图 7-36　幻灯片的切换效果

　　如果需要删除切换效果，则选中要删除切换效果的幻灯片，在"切换"选项卡下的切换效果库中，选择"无"命令。如果要从演示文稿中删除所有切换效果，请在选择"无"命令后选择"全部应用"命令。

3．幻灯片的超链接

（1）为文本或对象设置超链接。

为文本或对象设置超链接的方法为：选中需要创建超链接的文本或对象，单击"插入"选项卡→"链接"组→"超链接"按钮或"动作"按钮，在打开的窗口中完成设置。

（2）使用动作按钮链接。

使用动作按钮链接的方法为：①单击"插入"选项卡→"插图"组→"形状"下拉列表，在"动作按钮"选区中选择一个动作按钮，如图 7-37 所示；②在幻灯片中按住鼠标左键拖曳，形成对应的动作按钮，并打开"动作设置"对话框，如图 7-38 所示；③在"动作设置"对话框中，完成设置。

图 7-37　"动作按钮"选区　　　　　图 7-38　"动作设置"对话框

提示：自定义的动作按钮上没有任何标记，可以使用文本框在动作按钮上添加说明文字。

参考文献

[1] 徐志伟，孙晓明．计算机科学导论[M]．北京：清华大学出版社，2018．

[2] 龚沛曾，杨志强．大学计算机（第 7 版）[M]．北京：高等教育出版社，2017．

[3] 胡忭利，刘辉，张旋．计算机应用基础项目教程[M]．西安：西安电子科技大学出版社，2015．

[4] 杨泽雪．计算机组成原理[M]．北京：机械工业出版社，2021．

[5] [美]亚伯拉罕·西尔伯沙茨（Abraham Silberschatz），彼得·B．高尔文（Peter B. Galvin），格雷格·加涅（Greg Gagne）著，郑扣根，唐杰，李善平译.操作系统概念精要[M]．北京：机械工业出版社，2018．

[6] 董卫军，邢为民，索琦．大学计算机（第 2 版）[M]．北京：电子工业出版社，2020．

[7] 王亚利，张婷，任静静，等.大学计算机基础教程——计算思维+Python+Office 2016[M]．北京：清华大学出版社，2022．

[8] 苑俊英，张鉴新，钟晓婷.计算机应用基础[M]．北京：电子工业出版社，2022．

[9] 翟萍，王贺明，张魏华，等.大学计算机基础（第 6 版）[M]．北京：清华大学出版社，2022．

[10] 谢希仁．计算机网络（第 8 版）[M]．北京：电子工业出版社，2021．

[11] [美]詹姆斯·F．库罗斯（James F. Kurose），[美]基思·W．罗斯（Keith W. Ross）著，陈鸣译．计算机网络：自顶向下方法（原书第 8 版）[M]．北京：机械工业出版社，2022．

[12] 李清勇．算法设计与问题求解（第 2 版）——计算思维培养[M]．北京：电子工业出版社，2020．

[13] [美]K.N.金（K.N.King）著，吕秀锋，黄倩译．C 语言程序设计：现代方法（第 2 版修订版）．北京：人民邮电出版社，2017．